ALEXANDER BLÖTHNER

# DER ROTE BERG UND SEIN GEHEIMNIS

## EINE ALTE KULTURLANDSCHAFT STELLT SICH VOR

ZUR GESCHICHTE DES BERÜHMTEN ›HAUSBERGES VON SAALFELD‹ ALS ÄLTESTES UND BEDEUTENDSTES BERGBAUREVIER OSTTHÜRINGENS

**Aus der Reihe: Plothener Hefte zur Thüringer Regionalgeschichte Band 66**

## Über den Autor:

Alexander Blöthner M. A. (phil), geboren 1974 in Schleiz, hat an der Universität Jena ein ›Studium Generale‹ mit Schwerpunkt auf Geschichte und Soziologie absolviert und verfaßt Bücher über Lebensphilosophie, Sagen, Regionalgeschichte, Landschaftsmythologie, aber auch über Alltags-, Sozial- und Wirtschaftsgeschichte.

*Mitglied im Förderverband zum Schutze des ›Eßzet‹*

# Tannhäuser
**Alexander Blöthner**
2. Auflage 2022

HERSTELLUNG UND VERLAG: BoD – BOOKS ON DEMAND NORDERSTEDT
ISBN 978-3-75686-886-2

# Inhaltsverzeichnis

# *Abkürzungsverzeichnis*

... – Auslassung [in einem Text]
( ) – Einschub des ursprünglichen Verfassers bzw. Editors eines Textzitats
[ ] – eingefügter Texteinschub [Anmerkung oder Erklärung] von Alexander Blöthner in einer von ihm zitierten Quelle
† – gestorben, verwüstet
< – kleiner als
> – größer als
× – mal
% – Prozent
Ø – Durchmesser
a. a. o. – an anderer Stelle oben
abgel. – abgelesen
abger. – abgerufen
AG – Aktiengesellschaft
Ag – Silber
ahd. – althochdeutsch
Þ – p/b
Ba – Barium
Bd., Bde. – Band, Bände
bez. – bezeichnet
Bl. – Blatt
BPO – Betriebsparteiorganisation
Br., Bro., Brosch – Broschürt
bzw. – beziehungsweise
Ca – Kalzium
cm – Zentimeter
Co – Kobalt
CO – Kohlenoxid
Cu – Kupfer
d. – der, das, des
DDR – Deutsche Demokratische Republik
Ders. – Derselbe
dgl. – dergleichen
d.h. – das heißt
Dr. – Doktor
EB – Eisenbahn

e.G. – eingetragene Genossenschaft
Einw. – Einwohner
etym. – etymologisch
e. V. – eingetragener Verein
F – Fernverkehrsstraße
f., ff. – folgende, fortfolgende
FDJ – Freie Deutsche Jugend
Fe – Eisen
FND – Flächennaturdenkmal
germ. – germanisch
GmbH – Gesellschaft mit beschränkter Haftung
gr. – Groschen (zu 12 Pfennigen)
GST – Gesellschaft für Sport und Technik
h. – Höhe
ha – Hektar (10.000 m²)
Hg. – Herausgeber, herausgegeben
HIB – Heimat im Bild (Periodika)
hℓ – Hektoliter
idg., indogerm. – indogermanisch
Jh., Jhr. – Jahrhundert
Jg., Jge. – Jahrgang, Jahrgänge
kelt. – keltisch
kg. – Kilogramm (1.000 Gramm)
km – Kilometer
km² – Quadratkilometer
km/h – Kilometer je Stunde
Kr. – Kreis
l. – links
l. – Länge
ℓ – Liter
Lkr. – Landkreis
LKW – Lastkraftwagen
LSG – Landschaftsschutzgebiet
ℳ – Goldmark
m, m. – Meter, Mitte, mittig
m² – Quadratmeter
m³ – Kubikmeter
m.b.H. – mit beschränkter Haftung
mda. – mundartlich

Mg. – Magnesium
mhd. – mittelhochdeutsch
Mio. – Million
MW – Megawatt
n. – nach
n. Chr. – nach Christi
N.F. – Neue Folge
N – Norden, nördlich
NN – Normalnull
N.N. – nomen nescio
        (den Namen weiß ich nicht)
NNO – nord-nord-ost
NO – Nord-Ost, nordöstlich
NW – Nord-West, nordwestlich
NNW – nord-nord-west
Nr., Nrn. – Nummer/n
NS – nationalsozialistisch
NSG – Naturschutzgebiet
o. – oben
O – Osten, östlich
o. O. – ohne Ort
OTZ – Ostthüringer Zeitung
(Periodika)
Pb., Pap., Paperb. – Paperback
Pf. – Pfennig (zu 2 Hellern,
        zu $^1/_{112}$ Batzen)
PHbl. – Pößnecker Heimatblätter
        (Periodika)
Pl.H. – Plothener Hefte zur Thürin-
        ger Regionalgeschichte

PS – Pferdestärke(n)
r. – rechts
Reimahg – Reichsmarschall-Her-
        mann-Göhring-Werke
resp. – respektive,
beziehungsweise
RHH – Rudolstädter Heimathefte
        (Periodika)
S. – Sachsen, sächsisch
S – Schwefel
S. – Seite

s. – Sekunde
SAG – Sowjetische Aktiengesellschaft
SBZ – sowjetisch-besetzte-Zone
SED – Sozialistische Einheitspartei
        Deutschlands
Sh. – Sonderheft
SO – Süd-Ost, südöstlich
$SO_2$ – Schwefeldioxid
sorb. – sorbisch
SS – Schutzstaffel
SSO – süd-süd-ost
SSW – süd-süd-west
St. – Sankt, sanctus
SW – Süd-West, südwestlich
ß, ßo – Schock, Geldzähleinheit
        (60 Groschen)
t – Tonne (1.000 kg)
ThFl. – Thüringer Fähnlein
(Periodika)
Thl. – Taler (24 Groschen)
u. – und, unten
ü. – über
u. a. – und andere/s
ü. NhN, ü. NN – über Meereshöhe
        (Normalnull)
usw. – und so weiter
v. – von, vom
v. Chr. – vor Christi
VEB – Volkseigener Betrieb
Verw. – Verwaltung
Vgl. – Vergleiche
v. u. Z. – vor unserer Zeit
W – Westen, westlich
X – unbekannte Nominale
ZVGAKa – Zeitschrift des Vereins
        für Geschichte und Al-
        tertumskunde zu Kahla
        und Roda (Periodika)
ZVThGA – Zeitschrift des Vereins
        für Thüringer Geschichte
        und Altertumskunde
z. B. – zum Beispiel

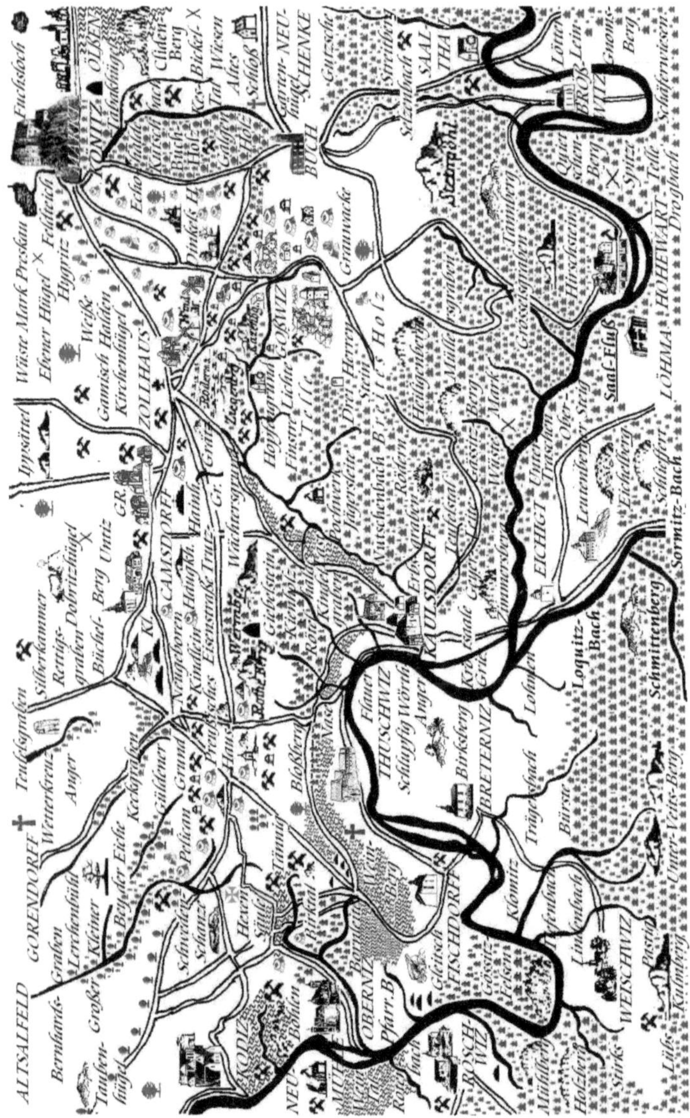

# PROLOG

*»›Der Rote Berg ist Bestandteil des Höhenrückens, der den westlichen Teil der Orlasenke vom Saaletal bei Kaulsdorf trennt.‹[1] Harte Kalke und Dolomite des Zechsteins bilden hier eine ausgedehnte rampenartige Abdachung des von der Saale durchschnittenen Schiefergebirgsrandes zur Orlasenke und zum Saalfelder Kessel. Sein Reichtum an Bodenschätzen, Mythen, archäologischen Befunden aus allen Epochen und seine Lage an alten und ehedem bedeutenden Fernstraßen heben diesen ›Hausberg von Saalfeld‹ über andere Landmarken hinaus und haben ihn auch überregional bekannt gemacht.«*

Aus geomorphologischer Perspektive stellt der Rote Berg ein, von NW nach SO, von etwa 220 m [Gorndorf] bis auf 450 m [Wernburgkuppe] über Normalnull allmählich ansteigendes, größtenteils waldloses Zechsteinplateau dar, welches als westlicher Ausläufer des südlichen Höhenrandes der Orlasenke im Westen stufenweise, im Südwesten und Süden dagegen steilhängig zur Saale bzw. im Norden rampenartig zur Weira-Aue hinabfällt.[2] Der nördliche Abfall des Roten Berges wird von bis zu 55 m breiten und 12 m tiefen Erosionsgräben geprägt, wie [1] dem links im Gebiet der Schwedenschanze beginnenden Großen Bernhardsgraben, der sich am Rande des Gorndorfer Neubaugebietes mit dem [2] Kleinen Bernhardsgraben [der beim Güldenen Grund seinen Anfang hat] vereinigt, bzw. [3] dem auf Altgorndorf zulaufenden Teufelsgraben sowie [4] dem mittlerweile unter der Maxhüttenhalde begrabenen Keckgraben. Die südlichen Einschnitte in die Zechsteinplatte bilden in der Regel kurze steile Kerbtäler wie der Herrengraben [Köditz], das Mühltal und die Spalte zwischen Pfaffenberg und Gleitsch [Obernitz], die Rote Gasse, der Türken- und der Kindelsgraben [Tauschwitz]. Als markantester und den eigentlichen Roten Berg nach Südosten hin abgrenzender Geländeeinschnitt gilt das bei Kaulsdorf in die Saaleaue ausmündende Wutschental. Diesem schließen sich saalaufwärts noch wenige weitere Einschnitte – allerdings in den Schieferuntergrund – an, so der Gässitzer-Kessel, der Grösselsgraben [Hohenwarte] und der unser Untersuchungsgebiet nach Osten abschließende Selzenbachgrund oberhalb von Bucha an.

# DER ROTE BERG AN SICH



*»Von manchen der markanten Punkte des Roten Berges bieten ›sich dem Wanderer grandiose Mittelgebirgspanoramen: in die Orlasenke mit ihren Burgen bzw. Schlössern Könitz, Ranis und Brandenstein sowie vielen Dörfern wie Kamsdorf, Goßwitz, Könitz, Ober- und Unterwellenborn; auf die Höhenzüge der Saalfeld-Rudolstädter Heide mit dem Kulm, auf das Saaletal mit Saalfeld samt seinem Wahrzeichen ›Hoher Schwarm‹ sowie seinen Seitentälern und die Saalfelder Höhe in Richtung Bayern, auf die Saaleschleife, beginnend von Hohenwarte mit dem Pumpspeicherwerk über Eichicht mit Schloss, Kaulsdorf mit Schloss bis nach den Saaledörfern Fischersdorf, Weischwitz und Breternitz sowie Obernitz mit Schloss.‹[3]«*

Als ›Roter Berg‹ wird im engeren Sinne nur jene kaum wahrnehmbare Bergkuppe ›Rotheberg‹ [400,6 m] westlich der Wernburg [der höchsten Erhebung des Plateaus] bezeichnet – zusammen mit dem Gebiet südwestlich von Kleinkamsdorf, nordwestlich des Kleinen Bernhardsgrabens an bzw. hinter der Flurgrenze nach Saalfeld [1429 acker uff dem Rotenberge].

Im weiteren Sinne zählt auch das Gebiet bis zum Zollhaus dazu. In älteren Darstellungen erstreckt sich der Rote Berg sogar bis nach Bucha, wo nach Norden die Talspalte von Könitz und nach Süden der Selzenbachgrund eine natürliche Abgrenzung zum hinteren Höhenrand der Orlasenke bilden.[4]

Seit jeher gehört der Rote Berg zu den historisch bedeutenden Landschaften Mitteldeutschlands. »Da das Bergplateau wahrscheinlich schon im Paläolithikum eine Freilandschaft oder zumindest nur locker bewaldet war, war es auch in jener Frühphase der Menschheit schon bewohnt oder zumindest vom Menschen tangiert.«[5] Pflanzen wie Alpenaster und weißblühende Felsenmispel haben sich aus jener Zeit erhalten. »Fundstellen unweit der Wernburg lieferten vor rund 100 Jahren Reste ausgestorbener Tiere sowie Menschenknochen, deren Alter auf 40.000 Jahren geschätzt wird. Sie sind die ältesten Zeugnisse menschlicher Besiedlung in diesem Gebiet.«[6]
Für Aufsehen sorgte auch der Fund einer magdalénienzeitlichen Jägerstation auf dem Gleitsch aus dem 11. Jahrtausend v. Chr. In ihrer Bedeutung als klassische Off-Landschaft war der Rote Berg auch im Neolithikum ein bevorzugter Siedlungsraum.

Zusammen mit den fruchtbaren Böden der Orlasenke gehört er zu den ältesten ackerbaulich genutzten Gebieten des Saalfelder Raumes, ja ganz Südostthüringens. Gemeinsam »mit den Getreidearten kamen zahlreiche Ackerkräuter aus dem Orient und Asien in das Gebiet und fanden in den warmen flachgründigen Karbonatböden optimale Lebensbedingungen.«[7] Seit der frühen Bronzezeit um 2.000 v. Chr. hat man auf dem Roten Berg Kupfer gewonnen und verarbeitet, ebenso in der nachfolgenden Hallstatt- und Laténezeit.[8] Das Gebiet zeigt eine große Zahl von archäologischen Fundstellen dieser Zeitperiode: »Auf dem Roten Berg wurden Bestattungen aus dem Neolithikum (Schnurbandkeramik, Glockenbecher), aus der Hügelgräberbronzezeit, der Urnenfelderzeit, der Späthallstattzeit und der Laténe-B-Kultur gefunden.«[9] »Noch in der Mitte des 19. Jahrhunderts verwiesen zahlreiche Grabhügel auf eine dichte urgeschichtliche Besiedung. Leider hatten die damals einsetzende Welle der Separation bzw. Flurbereinigung sowie die Raubgräbereien diesbezüglich viel Schaden angerichtet.

Es war noch vor Jahrzehnten keine Seltenheit, dass man auf Feldwegen oder auf Ackerflächen des Roten Berges zufällig stein- oder bronzezeitliche Artefakte finden konnte.«[10] »Die wiederholte Bestattungspraxis macht die Existenz einer langandauernden kultischen Tradition auf dem Roten Berg wahrscheinlich.«[11] Auch die Legende, daß die noch von unseren Urgroßeltern gefürchtete Jahresendgestalt [und ursprüngliche heidnische Göttin] Frau Þerchta nicht nur im Gamsenberg bei Oppurg, dem ›Heiligen Berg der Orlasenke‹, sondern auch im Roten Berg ihren Sitz habe, deutet darauf hin und postuliert zudem, die bisherige etymologische Deutungsbreite des Namens ›Roter Berg‹ zu erweitern:

*Zur Etymologie: Die merkwürdigen ›Rot-‹ und Rosen‹-Berge*
Gemeinhin wird der Name des Roten Berges [mda.: ruter Barch] weniger von einem Synonym für ›urbar machen, roden‹ [mhd.: riuten] abgeleitet, als auf die, durch Eisenoxide gerötete Farbe, des an seinen Süd- und Westhängen hervor-

tretenden Unterkulms bezogen, während die Hochfläche des
Roten Berges selbst aus Zechstein besteht. Erinnert sei auch
an die Farbe des Ackerbodens, ›Lehm oder rother Ton‹, sowie
die Rötelvorkommen im Kaulsdorfer Flurteil ›Riedelhalle‹ [Rö-
telhalde], die vielleicht schon in ältester Vorzeit bekannt waren
und diesen Berg als einen jener wenigen Orte kennzeich-
neten, von wo der vornehmlich für religiöse Zeremonien be-
gehrte Farbstoff beschafft werden konnte.[12] In Anbetracht der
archäologischen Fundsituation und der früheren verkehrs-
technischen Bedeutung des Höhenrandausläufers werden auch
andere etymologische Deutungen für den ›Roten Berg‹ evident: Nach alteuropäischen, keltischen, germanischen und althochdeutschen Sprachwurzeln kann das Synonym ›Rot‹ auf
alte Straßen [kelt.: Redh → befahrbare Straße], sakrale Stätten [idg.: roudhos; kelt.: raudos → rot sein, röten; kelt.: Rau-
dus → Rad, mitunter: Lebensrad, Schicksalsrad, Sonnenrad],
aber auch auf Begräbnis-, Versammlungs- und Gerichtsorte
zurückgehen. Auch dort, wo die Farbe des Boden oder erfolgte
Rodungen nicht namensgebend gewesen sein können, sind
markante Landmarken als ›Roter Berg, Rotspitze, Rotkopf‹
oder ›Rote Wand‹ bezeichnet. Durch die Verschmelzung der
Kultbegriffe der Sonnenverehrung, des Totenkults und der
Rechtspflege ›färbten‹ die dafür verwendeten Worte ›Rot‹
[Sonnenrad, Kultfarbe] und ›Ros‹ [Recht und Totenkult] auf
die Flurnamen ab und haben sich vielerorts bis heute erhalten. So ist manche ›Rosen‹- oder ›Roß‹-Flur ursprünglich kein
Ort gewesen, wo Pferde weideten, sondern die Stelle vorgeschichtlicher Gräberfelder oder Hügelgräber, die stellenweise
bis in die Bronzezeit zurückreichen. Solche Friedhöfe – noch
im Mittelalter als ›Rosengärten‹ bezeichnet – wurden später zu
›Roß‹-Fluren. Hören wir in den Namen ›Rosen‹ einmal hinein,
wird schnell offensichtlich, daß er mit den gleichnamigen
Edelblumen nur äußerst wenig zu tun hat. In der Nibelun-
gensage schwört Krimhild Rache für Siegfrieds Tod im Rosen-
garten, der mit Sicherheit kein Blumengarten gewesen ist.
Dagegen deuten das altgermanische Synonym ›rautian‹ [ahd.:

rozzan] für ›verfaulen, verwesen‹, das althochdeutsche ›rosta →
Glut, Feuerhaufen‹, das indogermanische ›roudhos‹ [kelt.:
raudos] für ›rot sein, röten‹ allesamt auf Bestattung, Leichen-
verbrennung oder Opfer hin. Gerade die alte Bezeichnung für
Gericht [germ.: Ruot → Recht] zeigt noch deutlich an, daß
Volksversammlungen und Gerichtstage ursprünglich an den
Gräbern der Ahnen stattfanden, die als ›heilig‹ galten und an
denen nach Ansicht der Altvorderen Meineide und Rechts-
brüche umso deutlicher an den Tag kommen müßten. Diese
Beziehung zwischen ›Rot‹ und ›Gericht‹ läßt sich bis weit ins
Mittelalter hinein verfolgen. Die Könige als Oberrichter ihres
Volkes und zuweilen auch die Henker trugen rote Umhänge.
Die alten Statuten mancher Städte werden als ›Rotes Buch‹
[Rechtsbuch] bezeichnet. Im Roten Haus vor dem Krummen
Tor zu Pößneck wurden die Körper von Getöteten obduziert.
Die Rote Brücke in Schleiz führte zur Richtstätte. Der Gefäng-
nisturm von Schloß Burgk heißt noch heute der ›Rote Turm‹.
Ebenso trägt das Symbol städtischer Autonomie, die steinerne
Figur des ›Roland‹, unverkennbar rechtliche Bezüge.[13]


*Altstraßen über den Roten Berg*

Zu den frühesten Forschungen über den Verlauf **vorzeit-
licher Straßen** gelten die Arbeiten von Wilhelm Adler. Der
postulierte in den 1830er-Jahren, daß neben dem Elster- auch
das Saaletal als Einfallstor jungsteinzeitlicher Kulturen in die
fruchtbaren Lössebenen des späteren Mitteldeutschlands gedient haben mußte, und ein durch die Orlasenke verlaufender
Verbindungsweg zwischen den beiden Tangenten ehedem von
Hügelgräbern – gleich Perlen an einer Schnur – gesäumt gewesen sein dürfte, von denen die meisten schon lange vor
dem 19. Jahrhundert eingeebnet waren, zumal ihr Inneres
den Landwirten wertvolle Kulturerde bot. Der Forscher Klaus
Waniczek, der Adlers Gedanken für unsere Region fortgeführt
hat, erwähnt im Bereich des Saaleknies südlich von Saalfeld
zehn bis zwölf der Spatenforschung bekannte Grabhügel, vereinzelt schnurbandkeramische, größtenteils aber spätbronze-

zeitliche und früheisenzeitliche. Von diesen fanden sich: [1] einer dicht südlich von Saalfeld auf der Pöllnitz am ›Pflasterhügel‹, [2] einer bei Reschwitz unterhalb des Heiligenberges [301 m] bei der Gißramündung, [3] zwei bis vier unterhalb des Gleitsch bei den Käsesteinen [durch den Eisenbahnbau beseitigt] und [4] mindestes sechs im Südwestzipfel des Roten Berges. Der Reschwitzer Hügel wurde möglicherweise für eine sozial bevorrechtete, durchreisende Persönlichkeit errichtet, die an einer Krankheit oder bei der Überquerung der Saale gestorben war. Er stammt aus der Zeit der Besiedlung des Gleitsch, als von da ein Weg durch die sonst unbekannte Saalefurt den steilen Hang hinauf jene Nord-Süd-Tangente zu erreichen suchte, die wir seit dem Mittelalter als Sattelpaß- bzw. Geleitstraße kennen.

Auch ein Vorläufer der Böhmischen Straße existierte damals schon: Von Innerthüringen ausgehend, verlief dieser wohl das Rinnetal abwärts ins Saaletal, erreichte, dabei zweimal den Fluß querend, das spätere Eichicht und führte weiter über den Eichelberg und auf dem, die Wasserscheide zwischen Saale und Sormitz bildenden Höhenrücken in südöstliche Richtung, »nutzte dann die Wasserscheide über Lobenstein hinaus, um über Hof und Eger Prag zu erreichen. ... Aus den Fluren des Saalfelder Oberlandes unweit der Wasserscheide bis in die Gegend von Lobenstein gibt es sowohl Funde von Steinwerkzeugen als auch bronzene Hinterlassenschaften. In Oberfranken fügen sich steinzeitliche Funde im siedlungsunfreundlichen Hochland östlich der Fränkischen Linie bis in die Umgebung von Hof an.«[14]

»Bereits im **Hochmittelalter** durchquerte den Saalfelder Raum eine Straße von Süden nach Norden als Verbindung zwischen den Reichszentren Bamberg und Merseburg bzw. dem Harz. An diesem Verkehrsweg lag die Königspfalz Saalfeld.«[15] Der Leutenberger Weg [1429 Lutenberger Wege] – dem bis zur Kaulsdorfer Saalefurt auch die Böhmische Straße folgte – begann im heutigen Güterbahnhofsgelände von Saalfeld in der Kulmbacher Straße östlich der Obermühle, erklomm anschließend die östliche Saaleterrasse am Taubenhügel, verlief also ständig leicht bergan, passierte die alte Zeche ›Reiche Sankt Anna‹ am Pelikan [nahe der heutigen Kleingartenanlage] und wandte sich – nunmehr auf Kaulsdorfer Flur – auf der Ebene südwestlich der Königszeche [Preußisches Haus] nach Süden zum Bloßkopf, der sogenannten ›Nase‹, dem steilen Südhang der Saale zu. Schließlich führte er entweder die ›**Rote Gasse**‹ steil nach Tauschwitz hinunter oder als **Rotebergsweg** in südliche Richtung den Hang entlang, bis im Angesicht des Schlosses Kaulsdorf erreicht war. Hier lief der Verkehr die Fuhrgasse hinunter zur Saalefurt, und anschließend, beschirmt vom Schloß zu Eichicht, das Loquitztal aufwärts über Probstzella und Ludwigstadt nach Kronach.[16]

»Zwischen Ludwigstadt und Kronach wurde der Gebirgskamm auf der verhältnismäßig sanft ansteigenden Paßhöhe am heutigen Rennsteig bei Steinbach am Wald überschritten. Die Vermutung, dass die Straße durch das enge Tal der Loquitz verlief, stützt sich auf die frühe Erwähnung der Orte Kaulsdorf und Unterloquitz (1074) sowie auf die uralte Laurentiuspatrozinien der Pfarrkirchen von Marktgölitz und (Probst-)Zella.«[17]

Bis zum Bau der seit 1356 nachweisbaren steinernen **Saalebrücke** von Saalfeld, welche endlich eine feste Verbindung zu den schwarzburgischen Besitzungen in der Orlasenke herstellte, mußte auch der von Osten kommende Verkehr den Weg über Kamsdorf den ›**Alten Heeressteig**‹ [auch Hörsteig] am rechten Hang des Wutschentals hinunter über die ›Last‹ und den ›Girber‹ durch die Fuhrgasse [Obere Dorfstraße] nach der Kaulsdorfer Saalefurt nehmen.[18] »Erst seit dem beginnenden 15. Jahrhundert verlagerte sich der Straßenverlauf für den Handelsverkehr weiter nach Westen.
Die vorgeschriebene Geleit- und Zwangsstraße umging so das enge Durchbruchstal der Loquitz zwischen Probstzella und Lauenstein. ... Die Straße führte von Coburg über Judenbach, daher der Name ›**Judenstraße**‹, und benutzte den Sattelpaß als Übergang über das Gebirge nach Gräfenthal. Nördlich von Gräfenthal erklomm die Straße in einem sehr steilen Anstieg –

deshalb als ›**Steiger**‹ bezeichnet – die Saalfelder Höhe bei Großneundorf.«[19] Über die Orte Gössendorf, Reichmannsdorf, Hoheneiche [Wallfahrtskirche] und Eyba wandt sie sich über den langen Höhenzug. An der sogenannten ›**Schrankstatt**‹ befand sich die Wallanlage einer Straßensperre. Weiter verlief die Straße das ›**Gesteig**‹ hinunter und gewann vor Wüstenköditz [Wallfahrtskapelle] den Saalfelder Kessel. Sodann führte die Straße Richtung Bad Blankenburg über Rudolstadt, Naschhausen, Kahla, Jena, Camburg, Naumburg und Lützen nach Leipzig. Infolge des späteren Umbaus von zwei Stadttoren wurde die alte **Reichsstraße** von Nürnberg nach Leipzig später direkt durch Saalfeld geführt. Wer von der Orlasenke her den Brückenzoll zu Saalfeld unterlaufen wollte, konnte nachwievor über Langenschade und die Heide bzw. über die Kaulsdorfer Saalefurt ausweichen, wo über die Fluren ›Mockel‹ und ›Lohmen‹ sowie die Dörfer Laasen und Eyba die Sattelpaßstraße nach Franken erreicht werden konnte.[20]

Als Verbindungswege zwischen der westlichen Leipzig-Nürnberger Straße und deren mittleren Tangente über Bamberg, Nordhalben, Lobenstein, Saalburg, Schleiz, Auma, Gera und Zeitz existierten verschiedene Querverbindungen. Allein die über Pößneck und Neustadt nach Osten führende **Poststraße** [1625] besaß entlang der Höhenzüge der Orlasenke zwei Nebengleise, worüber die Fuhrleute die sumpfigen Niederungen der Talauen umgingen. Die südliche **Hohe Straße** führte zunächst von Auma über Köthnitz → Kleina → Bankschenke → Seebach → Schmorda → Kalte Schenke und Bucha nach Kamsdorf, von wo sie gepflastert als **Eisenstraße** weiterverlief. über welche, das im Kamsdorfer Revier gewonnene Erz mit Fuhrwerken anfänglich zur Saalfelder Hütte, später ins Schwarzatal, ja sogar bis nach Suhl und Schmalkalden transportiert wurde. In Saalfeld wurde dieser über den Roten Berg führende Teil der Hohen Straße auch ›**Kamßtorffer Wege**‹ [1404] oder ›**Fahrtweg nach Schleiz**‹ [1673] genannt. Er begann im Bereich der Lache an der heutigen Pößnecker Straße in Altsaalfeld südlich der Brauerei, führte durch das Gleisbett des Bahnhofs und stieg als ›**Langer Steig**‹ parallel zum Kleinen Bernhardsgraben allmählich den Roten Berg hinan, wobei er südöstlich von Gorndorf dessen Flurgrenze bildete.[21] Auch der kürzeste Weg von Saalfeld nach Fischersdorf führte über den Roten Berg: Der **Fischerstorfer Wege** [1438] »zweigt östlich des Taubenhügels vom Leutenberger Weg ab und verläuft in südsüdwestliche Richtung – das Birktal an der Hexensäule oberhalb des Mühltals östlich von Obernitz querend – bis zum Plateaurand des Roten Berges in der Gemarkung Fischersdorf.«[22] Wo der Weg auf eine Kreuzung trifft, von der vier Wege, so [1] zum Gleitsch, [2] nach Fischersdorf, [3] nach der ›Nase‹ [Tauschwitz] sowie [4] ehedem nach Röblitz, abzweigen, fanden sich mindestens sechs bronzezeitliche Grabhügel.

Der **Leutenberger Weg** als kürzeste Verbindung von Saalfeld nach dem 18 km entfernten Leutenberg war Teil der sogenannten **Böhmischen Straße**, eines heute fast unbenutzten Landstiegs, welcher von Erfurt nach Prag führte und als Nebenstraße ›seit 1500 und früher kartiert‹ ist.
Von Saalfeld verlief die später auch **Caulsdorffer Fahrtweg** [1702] genannte Straße über den Roten Berg und die Kaulsdorfer Saalefurt nach Eichicht. Hier erklomm sie über das Unter- und Oberdorf den Eichelberg und erreichte Löhma, wo sich jener Weg nach Leutenberg abzweigte, der anschließend über Lehesten ins Fränkische führte. Die Böhmische Straße aber verlief weiter nach St. Jakob, dessen Schwarze Kirche ehedem ein Wallfahrtsort war. Von da ging es zunächst auf der Saale-Sormitz-Wasserscheide über Steinsdorf, Kleingeschwenda, Altengesees, Thimmendorf, Ruppersdorf, Eliasbrunn, Ober- und Unterlemnitz über Lobenstein, Lichtenbrunn, Lichtenberg nach Hof.[23]

Das Nadelöhr auf diesem Wege war die oberhalb der heutigen Saalebrücke gelegene Kaulsdorfer **Saalefurt**. Bei niedrigem oder mittlerem Wasserstand war ihre Überquerung ohne weiteres möglich, bei Hochwasser oder Eisgang mußte manchmal tagelang gewartet werden, wobei die Reisenden und die Fuhrleute – soweit sie sich nicht nach der Saalfelder Brücke aufmachen wollten – im Unteren Gasthof oder auf der anderen Seite in der Eichichter Schenke Unterschlupf fanden. Für jene, die trockenen Fußes auf die andere Fluß-Seite gelangen wollten, betrieb der Saalmüller eine kleine Kahnfähre, wie eine solche zuletzt am Bahnwärterhaus bestand. Die Stelle dieser Furt nahm später eine steinerne **Saalebrücke** ein, bei deren Einweihung am 23. September 1841 bis zu 8.000 Menschen teilgenommen haben sollen. Am Ende der Brücke neben der Kaulsdorfer Mühle stand das neue Brücken-Zollhaus mit Schlagbaum. Die Chausseegelder bezogen sich auf die 1845 fertiggestellte **Kunststraße** von Könitz über Kamsdorf nach Kaulsdorf und deren Weiterführung über die Saalebrücke nach Eichicht und ins Loquitztal hinein. Ergänzend dazu entstand zwischen 1859 und 1863 eine Chaussee von Saalfeld über Obernitz und Tauschwitz nach Kaulsdorf, worauf die über den Roten Berg führende Leutenberger Straße zum Feldweg devancierte.[24] Auch die über die Saalfelder Höhen führende Nürnberg-Leipziger-Straße wurde 1835 bis 1837 durch eine neue Chaussee mit teilweise geänderter Trassenführung [u.a. Umgehung von Eyba] ersetzt – doch verlor sie nach Eröffnung der Eisenbahnlinie Gera–Eichicht [1871] und deren Anschluß an das bayerische Eisenbahnnetz 1885 am Ende schnell an Bedeutung.

*Zur Hydrologische Situation der Höhendörfer des Roten Berges*
Die hinsichtlich ihrer Wasserarmut besondere hydrologische Situation der Höhendörfer auf dem südlichen Höhenrand der Orlasenke, verstärkt durch den wasserdurchlässigen Zechsteinuntergrund vor Ort, mag mit die Ursache dafür gewesen sein, warum es auf dem Roten Berg, im Gegensatz zu dem umfangreichen archäologischen Fundbestand, in der Vorzeit keine allzu dichte Besiedlung gegeben haben kann. Während in Goßwitz das aus einer flachen Mulde hoch über dem Ort kommende Hopfgrabenwasser die ersten Siedlern das notwendige Wasser lieferte, durchfloß die beiden Kamsdorf dage-

gen niemals ein Bach. Die Einwohner mußten ihr Wasser von einer Quelle [später Brunnen] bei der Kirche holen bzw. leiteten es später vom nahen ›**Linkborn**‹ her. Wer die Möglichkeit dazu hatte, ließ sich einen eigenen Brunnen graben. Ähnlich war es in Großkamsdorf: Hier dürfte es anstelle des späteren Dorfteichs eine ergiebige Quelle gegeben haben. Das Wassertragen vom Brunnen war in den beiden Kamsdorf in alten Zeiten also nichts Ungewöhnliches, zumal der Bedarf aufgrund des weit geringeren Viehbestandes noch überschaubar war. Der Großkamsdorfer Flurname ›Im **Hungerborn**‹ [1661] erinnert an eine, nur in besonders nassen Jahren sprudelnde Quelle, womit auf einen verregneten Sommer und damit auf eine schlechte Ernte geschlossen werden konnte.

Zudem existierte nahe Großkamsdorf, an der Straße nach Unterwellenborn, der sogenannte ›**Ochsenborn**‹. Mit dem Bau der Maxhütte verschlechterte sich die Wasserversorgung in Kleinkamsdorf, so daß Quellen im Maximilianstollen, im ›Neugeborenen Kindlein-Stollen‹ und im ›Veltheimstollen‹ angezapft werden mußten. Erst der Anschluß der beiden Dörfer an die zentrale Wasserversorgung löste das Problem dauerhaft.[25]

Während der Bergbau auf dem Roten Berg die Wasserversorgung der beiden Kamsdorf deutlich verbesserte, war dieser doch dem Flußsystem der oberhalb des Könitzer Tals entspringenden und hinter Pößneck in die Orla einmündeten Kotschau [mda.: Kutschbach] doch ziemlich abträglich.
Als man gegen Ende des 19. Jahrhunderts für die Eisengruben zwischen Großkamsdorf und Könitz westlich der Flur ›**Fuchsschwarte**‹ den sogenannten ›**Wasserschacht**‹, ein Wasserhebewerk, anlegte, wurden die Schachtwässer in Richtung Röblitz der Saale zugeleitet und die Kotschau verlor einen Großteil ihres Wassers. Der unmittelbar nördlich des Könitzer Bahnhofs gelegene, fast 5 Hektar große **Feldteich** trocknete vollkommen aus. Die Könitzer Pochmühle und die unmittelbar unterhalb des Feldteiches gelegene Feldteichmühle mußten den Betrieb einstellen. Besonders die wasserdurstigen Industriebetriebe in Pößneck wurden von dem, aus bergbaulichen

Gründen initiierten Wassermangel der Kotschau arg betroffen und mußten sich zunächst mit Tiefbohrungen vor Ort behelfen, wobei der Grundwasserspiegel in trockenen Jahren bis zu 60 m tief absinken konnte. Erst ab 1896, als mittels einer weitverzweigten Wasserfassungsanlage zahlreiche Quellen und Bäche im Langendembacher Tal angezapft und in die Stadt geleitet wurden, verbesserte sich die Lage.[26]

*Vom ehemaligen Weinbau an den Hängen des Roten Berges*
Wie der Weinbau an Saale und Orla gekommen ist, bezeigt die eine oder andere Theorie. Indizien, aber keine Belege deuten auf die Sorben als erste Winzer hin. Wahrscheinlicher hingegen ist, daß in spätkarolingischer bzw. frühdeutscher Zeit Fachleute aus Unterfranken oder dem Rheinland ins Land geholt worden sind. Urkundlich belegt ist der Weinbau für Saalfeld erstmals im Jahre 1051, als die Besitzerin des Orlagaus, Richeza von Lothringen, einen ›Werinhero de Saleueld‹ mit Weinbergen belehnte. Nach ihrem Tode 1063 und der Inbesitznahme des Landes durch das Erzbistum Köln übernahm die Benediktiner-Abtei St. Peter und Paul zu Saalfeld bei ihrer Gründung die schon bestehenden Weinberge u.a. auch in Kaulsdorf. Auch für Fischersdorf und Köditz ist für das Hochmittelalter der Rebbau schon bezeugt – im letzterem Falle am ›Herrenweinberg‹ [1419 myns gnedigin herrennwyngebirge] südöstlich des Dorfes an einem, nach Westen zur Saale und nach Nordwesten zum Herrengraben hin gerichteten Teil des Steilabfalls des Roten Berges. Mit 3,95 ha Rebfläche lieferte er alljährlich um die 88 Eimer [60 hℓ] Rebensaft und im Jahre 1500 sogar einmal 220 Eimer [ca. 150 hℓ]. Weitere Weinstöcke um Köditz standen in den Fluren ›Weinberge‹ [1429 Wingarten] nordöstlich des Ortes, ›Altenberg‹ [1593], ›Diebskasten‹ östlich vom Dorf und ›Eckert‹, einer an den Herrenweinberg sich anschließenden und – nach Süden hin – letztlich in das Felsmassiv der ›Bohlenwand‹ übergehenden Felsformation. Der ›Bohlen‹ selbst könnte nach den zur Befestigung der Weinterrassen verlegten Holzbohlen benannt sein.[27]

In den Reigen der an den Steilhängen des Roten Berges nach Süden und Südwesten sich anschließenden Weinbaugebiete sind ferner miteinzubeziehen: [1] der Südwesthang der ›Bornleite‹, im unteren Bereich eines Gräbchentals, das von Süden in das Obernitzer ›Mühltal‹ mündet; [2] die Flur ›Pfahlwerk‹ im unteren westlichen Teil des ›Pfaffenberges‹, wo Pfähle zur Anlage und Befestigung von Weinterrassen benutzt worden sein mögen; [3] der Süd- und Südosthang des ›Gleitsch‹ [1664 Weinberg der obere Kleitsch], dessen Terrassenanlagen noch heute sichtbar sind; [4] der ›Weinberg‹ oberhalb von Fischersdorf mit der bekannten ›Weinhütte‹, einem auf bruchsteingemauertem Kellergeschoss stehenden Fachwerkhäuschen mit Satteldach; [5] der untere Hang des Bloßberges [1499 Plos] nach Tauschwitz zu mit seinen heute noch gut erkennbaren Weinbänken; [6] der sonnige Hang des Wutschentals oberhalb von Kaulsdorf sowie bis zum 17. Jahrhundert auch Lagen am ›Hanhügel‹ bei Großkamsdorf bzw. in der ›Sonnenleithe‹ [1582] südlich von Goßwitz. Aufgrund des Vorkommens von Reliktpflanzen früheren Rebenbaus sollen gleichfalls am ›Wachhügel‹ bei Kaulsdorf, im ›Gäßgraben‹ unterhalb des Gässitzberges sowie im unteren Teil des ›Schellenberges‹ westlich von Wilhelmsdorf ehedem Weingärten gewesen sein.[28]

Seine Blütezeit erlebte der hiesige Weinbau im 15. und 16. Jahrhundert. Danach ging er immer weiter zurück: »Neben klimatischen Ursachen ...[Abkühlungsphase der sogenannten ›Kleinen Eiszeit‹ mit Spitzen um 1540 und 1680] sind als Auslöser dieses Niedergangs auch bodenökologische (Rebenmüdigkeit des Weinlandes, Bodenerosion), vor allem aber eher sozioökonomische Faktoren anzuführen. Mit der Konkurrenz besserer ausländischer Weine und Ertragssteigerungen in der übrigen Landwirtschaft (Kartoffelbau, Getreidebau) wurde der arbeitsintensive Weinanbau in zunehmendem Maße unrentabel. Spätestens seit 1750 wurden viele Weinberge mit Obst oder Hopfen bestellt oder aufgelassen.«[29] Zudem empfahlen Ökonomen im 19. Jahrhundert, »Rebflächen in Äcker oder Obstgärten umzuwandeln, um das Risiko des witterungsabhängigen Weinertrages zu vermindern.«[30]

»In manchen Jahren hatten die reichtragenden Kulturen in Köditzer und Obernitzer Flur auf Westhängen des kalkhaltigen Roten Berges gelegen, wo sie vor kaltem Ostwind geschützt die Mittags- und Nachmittagssonne nutzten. Die letzten wurden 1846 aufgegeben. Der mit kalkhaltigem Gehängelehm bedeckte Fuß des Berges über Fischersdorf und Tauchwitz blieb dagegen begünstigt durch die Aufhebung der Weinsteuer 1884 in Preußen und ein Jahr später in Schwarzburg-Rudolstadt.«[31] – »Die Fischersdorfer und Tauschwitzer Rebflächen waren im 19. Jahrhundert, nachdem der Weinanbau im Land vielerorts verschwunden war, die umfangreichsten in Schwarzburg-Rudolstadt. Auf den Feldoriginalen der Preußischen Landesaufnahme sind sie noch dargestellt, ebenso wie die wohl südlichsten Weinberge Ostthüringens bei Leutenberg.«[32] Schon 1863 waren diese Anlagen kaum noch gepflegt, der Weinbau in Fischersdorf gar im Aussterben begriffen, wobei Valentin Hopf, der langjährige Leiter des Saalfelder Heimatmuseums, im Jahre 1924 resümiert, daß sich der Weinbau in unserer Gegend am längsten in Kaulsdorf erhalten habe.

1887 existierten in Fischersdorf noch 19 Weingärten mit einer Rebfläche von insgesamt 4,3 ha, in Tauschwitz 22 zwischen 2 und 48 ar große Weingärten von insgesamt 4,5 ha und in Kaulsdorf von 2-3 ha Fläche. »Rebstock- und Traubenkrankheiten wie der Mehltau (ab 1860) und die Reblaus (ab 1875) besiegelten dann in nur wenigen Jahren das Ende der traditionsreichen Kultur.«[33] Nachdem 1887 festgestellt worden war, daß die Weinhänge in diesen drei Orten allesamt von der Reblaus befallen waren, verfügten die Behörden – wie auch an zahlreichen anderen Orten in Mitteleuropa – dann jene radikale und bis heute umstritten gebliebene Vernichtung, sämtlicher Kulturen. Allein in Tauschwitz, Fischersdorf und Kaulsdorf wurden 127.000 Rebstöcke ausgerodet oder gleich mit Petroleum übersprüht und angezündet. Aufgrund stetigen Nachbefalls blieb der Weinbau hier bis 1906 verboten.
Erst um 1920 pflanzten die Winzer Karl Kühn, Rudolf Seifert

und Robert Hopfe in Fischersdorf auf kleinen Flächen wieder Reben an. Auch am Bloßberg bei Tauschwitz wurden Weinterrassen wieder hergerichtet. Im Jahre 1937 dann bebaute man mit staatlicher Förderung ein hekargroßes Areal mit 400 Rebstöcken. 1959 bestanden allein in der Fischersdorfer Flur 8 Weingärten, die eine Fläche von 2 Morgen bedeckten.

In diesem Jahr faßte der Rat des Kreises Saalfeld den ehrgeizigen Beschluß, im Gebiet des Roten Berges im größeren Maße wieder aufzureben. Zunächst sollte freiwillige Helfer sowie zur Arbeit verpflichtete Schüler und Jugendliche eine Versuchsfläche von 2 ha rekultivieren und diese anschließend – so hoffte man – bis auf 40-50 ha erweitern. Wenn man den damit verbundenen Aufwand bedenkt, wären 10-20% davon zunächst realistisch gewesen. Indem für diese Arbeiten keine Bezahlung vorgesehen war, fand der Plan wenig Unterstützung und die Sache verlief im Sande. So blieben bis zur Wende nur die bis zum Zweiten Weltkrieg angelegten Gärten erhalten, deren Lagerkeller, wie wir noch hören, nach Kriegsende aufgebrochen und die darin lagernden Flaschen reinweg ausgetrunken wurden.[34]

# EINE RUNDWANDERUNG ÜBER DEN ROTEN BERG

*Kaulsdorf → Nase → Weinberg → Gleitsch → Hexensäule → Viehtreibe Schwedenschanze → Rotheberg → Wernburg → Wutschental → Kaulsdorf*

Zur Charakterisierung der bedeutendsten Flurorte und Bodendenkmäler auf dem Roten Berg bietet sich als Strukturmoment eine Wanderroute an.

Von Kaulsdorf nordwestwärts ausgehend erkunden wir zunächst die von alten Steinbrüchen zurückgesetzte, unter dem Bewuchs kaum noch erkennbare ›mauerartige Zechsteinstirn‹ am rechten Ufer der Saale. Diese bildet hier ein 500 m breites und rund 100 m tief eingeschnittenes, steilhängiges und windungsreiches Erosionstal, dessen Schulterbereiche einerseits von bewaldeten steilen Hängen, andernseits von Klippen und Felswänden, aber auch von sonnigen Freihängen mit historischen Hutungs- und Weinbauflächen geprägt sind, denen sich auf dem Roten Berg Feldflächen mit kleinen Lehde-Bereichen – oftmals noch mit Bergbauhinterlassenschaften – anschließen.

Der Name ›Felslandschaft Saalfeld‹ – welches ein im Jahre 2004 von der Fachhochschule Erfurt abgeschlossenes ›Kulturlandschaftsprojekt Thüringen‹ für dieses Gebiet postuliert hatte – erscheint in dem Zusammenhang durchaus zutreffend.[35] Nachdem wir den Fischersdorfer Weinberg und den Gleitsch mit seinen geheimnisvollen Steinhäusern tangiert haben, wenden wir auf Höhe von Köditz wieder in ziemlich südöstliche Richtung, besuchen die Schwedenschanze und die Wernburgkuppe, von der es über den Wutschengrund nach Kaulsdorf, dem Ausgangspunkt unserer Wanderung wieder zurückgeht.

## I. Von Kaulsdorf den Steilhang entlang zum Weinberg

*»Ortsname Tauschwitz → Kindelsgraben → Türkengraben → Nase → Hoher Stieg → Pumpwerk → Grabhügelgruppe am Oberen Weinberg«*

⌘ Wir verlassen Kaulsdorf nordwärts auf einem Höhenweg, dem Rotenbergsweg, einem Teil der Alten Leutenberg-Saalfelder Landstraße. Dabei geht es die Hangkante des Rotheberges entlang. Unter uns sehen wir an einem Saalebogen unterhalb des südlichen Steilabfalls des Roten Berges das Uferzeilendorf **Tauschwitz** [1238 Tuschwiz] liegen. Seiner allgemeinen Namensdeutung als ›Tušovici‹, dem Dorf der Leute des Tuš, des Tuchomir oder eines anderen sorbischen Patriarchen, kann auch eine frühere und in frühslawischer Zeit im Volke noch kursierende Bezeichnung für den Roten Berg als ›Tavros → Hochland, mächtig‹ etymologisch gegenübergestellt werden.[36]

Auf unserem Weg gibt es zwei Quergräben. Der erste heißt **Kindelsgraben**. Indem wir uns hier auf dem Gleis einer alten Landstraße befinden, könnte die Geburt eines Kindes oder die Auffindung eines solchen zu der Benennung geführt haben.

Der zweite Quergraben auf unserem Weg ist rechts der **Hufens- oder Türkengraben**, der von einem Wasserlauf durchflossen wird.[37] Der Name erinnert an einen Lagerplatz des Fahrenden Volkes und auch der Ort selbst bot beste

Bedingungen dafür. ›Türke‹ war früher in hiesiger Gegend ein anderer Name für ›Cigeuner‹ [franz.: Cigogne].

Östlich davon, etwa zwischen dem oberen Hufensgraben und dem Kindelsgraben auf der, beide Täler trennenden Höhe 375 wird eine **Wallanlage**, eine früh- bzw. hochmittelalterliche Fliehburg der Tauschwitzer Einwohner vermutet. »Hätte diese Anlage näher zur Wernburg gestanden, wäre sie von den alten Kamsdorfer Einwohnern angelegt worden.«[38]

### Die Riedelhalle

Nahe des Türkengrabens zwischen Rotem Berg und ›Last‹ im Flurteil ›Rötelhalde‹ [mda.: Riedelhalle] haben Tauschwitzer Einwohner früher [gewöhnlich in den Wintermonaten] unterkulmische Rote Farberde – sogenannten ›Rötel‹ gewonnen. Er war begehrter als der Rheinische und wurde seit 1700 viel verkauft. Im Jahre 1797 erbrachte der Zentner geschnitten 1 Taler 8 Groschen. Goethe benutzte diesen Rötel bevorzugt für seine Zeichnungen, auch Schiller lobte ihn einmal. Mit dem Siegeszug der Farbenindustrie jedoch wurden die keineswegs erschöpften Gruben um 1850 aufgegeben, und überall im Walde finden sich noch Restlöcher dieser speziellen Form bäuerlichen Duckelbergbaus. Zudem wurde im nordöstlichen Teil der Tauschwitzer Flur – die zum Einzugsgebiet des Bergbaureviers Roter Berg gehörte – in erster Linie silberhaltiges Kupfererz abgebaut.[39]

### Bloßkuppe und Hoher Stieg

Hinter dem Abzweig nach dem **Rotheberg** [400,6 m] liegt die **Bloßkuppe**, ein viel besuchter Aussichtspunkt, der auch als ›**Nase**‹ [mda.: Nose] bekannt ist. Gebildet wird diese auffallende Nasenrückenform des Bergabhangs durch die Winkelung der Bloßbergwand. Angelegt wurde die besagte Serpentine erst in späterer Zeit zur ›Entschärfung‹ des als **Hohe Stiege** [mda.: hucher Stich] von der ehemaligen Königszeche vom Roten Berg herabführenden Fahrtweges, der als Roten Gasse steil hinunter nach Tauschwitz fiel.

Westlich dieser Stelle − zwischen **Bloßberg** [403 m] und Kranhügel [383 m] befindet sich ein **Pumpwerk** mit Speicherbecken. Hier führt eine mehr als 5 km lange Kühlwasserleitung von der Saale den Hang des Bloßberges empor über den Roten Berg nach der Maxhütte. Sie entstand ohne Großmaschinen in den Wintermonaten 1948/49 im Rahmen des großen Aufbau- und Jugendprojektes ›Max braucht Wasser!‹, bei dem etwa 4.000 teils freiwillige, teils ›delegierte‹ Aufbauhelfer, aus allen Teilen der SBZ zum Roten Berg strömten, um in nur 90 Tagen dem vorerst einzigen Roheisenwerk in der späteren DDR die dringend notwendige Wasserversorgung zu ermöglichen. Ein **Gedenkstein** unweit der Saale erinnert daran, daß auch 2.700 Schüler und Jugendliche damals dem Aufruf der FDJ gefolgt und am Bau der im übrigen noch heute funktionierenden Leitung beteiligt waren.[40]

Der **Bloßberg** [mhd.: Bloeze → Freifläche im Wald] selbst ist ein nach Süden zur Saale gerichteter Prallhang, dessen unterer Teil von künstlichen Weinterrassen geprägt ist.[41]

⌘ Inzwischen haben wir von Kränhügel aus die **Wegkreuzung** am Rande des Steilabfalls zur Saale erreicht, wo der Weg von der Nase sich in vier Richtungen und zwar nach dem Saalfelder Bahnhof, dem Gleitsch, nach Fischersdorf sowie zum höchsten Punkt der Bundesstraße 85 aufteilt. Noch in den 60er-Jahren existierte ferner eine inzwischen überackerte Verbindung nach Röblitz.

Hier am **Oberen Weinberg** bietet sich ein Blick auf die nach Südosten sich darbietende Skyline: Der Hang, auf dessen Oberkante wir stehen, war bis 1888 von Rebanlagen bedeckt. Darunter in der Flußaue grüßen uns die beiden, von der Saale getrennten Geschwisterdörfer Fischersdorf und Bretternitz, links »dahinter der Nadelwald am steilen Hang des Birkenberges und Ackerfelder und Wiesen auf den eiszeitlichen Flußterrassen, als die Saale hoch über dem jetzigen Flußbett über Schluff, Mockel und Lohmen strömte und Schotterbänke aufschüttete.«[42] Darüber erheben sich von links nach rechts die Berge am Stausee von Hohenwarte, halblinks davor der mächtige Eichelberg bei Eichicht, rechts daneben der Schliefert [562 m] sowie rechts des Eingangs zum Loquitztal der Schmittenberg.



Bei dem unter uns liegende Haufendorf Fischersdorf [1402 Vyschersdorff] bleibt unser Blick an der, auf einem Hügel unmittelbar am Prallhang der Saale stehenden Kirche haften. Direkt unter dem Gotteshaus steht unterdevonischer Ruß- und Schwärzschiefer [für die Alaun-, Eisen- und Kupfervitriol sowie Schwefelsäuregewinnung] an und schon im 16. Jahrhundert wurde hier – im Bereich der heutigen Hubertus-Grotten eingehauen, doch erst ab 1779 stetiger abgebaut. Zwar war das hier gewonnene Alaun und Vitriol wegen seines zu geringen Pyritgehalts zum Alaunsieden nur wenig geeignet und trug daher kaum Gewinn ein, doch war dieser Bergbau im Vergleich zu den Gruben auf Buntmetall weit betriebssicherer und ergab zudem als Nebenprodukt Farberde. Es war kein großer Betrieb. Die Jahresproduktion lag sogar in guten Jahren nie über 4-8 Tonnen. Zwischen vier und sechs Mitarbeiter waren als Hauer und Sieder tätig. Mit der Durchsetzung moderner chemischer Herstellungsverfahren, kam die ziemlich rückständige Gewinnung um 1850 zum Erliegen und in den aufgelassenen Stollen vollzogen sich chemische Prozesse, die zur Neubildung von besonderen Mineralen wie Diadochit sowie Melanterit führten und buntfarbene Tropfsteine und andere Mineralausblühungen erzeugten. Angeregt durch den großen Erfolg der nahen Feengrotten sollten in der Folge auch die Hubertusgrotten touristisch erschlossen werden, doch schickten die Betreiber der Feengrotten ihre Anwälte ins Rennen und brachten im Jahre 1916 den Besitzer der Fischersdorfer Anlage dazu, eine Erklärung zu unterzeichnen, worin er auf jede Art von Wettbewerbstätigkeit verzichtete. Beschrieben wurden die Grotten in den 1920er-Jahren folgendermaßen: »Nach einem Dutzend Schritten zeigen sich an der Decke zahlreiche Hohlzäpfchen von 1-2 cm Durchmesser. Geht man zirka 15 m weiter, erblickt man an der Höhlendecke eine langausgestreckte, nach einer Seite fallende Tafel mit den Farben smaragdgrün, blaugrün und weiß, auch an den Wänden die gleichen Farben. Eine Stollen- und Hohlbaustelle wurde wegen der weißen Farben als ›Eiskeller‹ bezeichnet. In einem ca. 4 m hohen und 5 m durchmessenden Dom befinden sich 4 Stalaktiten und ein kleiner Wasserstau.«[43] Indem die Hohlräume zu nahe an der Oberfläche liegen, war für imposantere Bildungen wie bei den Feengrotten weniger Raum. Auch war besonders der Eingangsbereich aufgrund der leichten Zugänglichkeit am Hang bei der Kirche und eines langjährigen Daseins als Keller räumlich übernutzt worden.[44]

*Die Grabhügelgruppe auf dem Oberen Weinberg*

In der Gemarkierung Fischersdorf, am Hang des Gleitsch und am Roten Berg haben sich »nicht nur steinzeitliche Silexfunde (Feuersteinspitzen usw.), sondern auch Grabbeigaben aus der Bronze-, Hallstatt- und Laténe-Zeit erhalten.«[45] An der Wegkreuzung auf dem Oberen Weinberg hatte es am Rande des Steilabfalls zur Saale mindestens 6 große, aus Steinen aufgeschichtete Hügelgräber gegeben, von denen – nachdem der Landwirt O. Franke zwei davon eingeebnet hatte – um das Jahr 1900 noch vier bekannt waren. Einer befand sich westlich der Wegkreuzung am nördlichen Rande des Feldweges, die drei übrigen nahe beieinander östlich der Wegekreuzung. Bemerkenswert ist jene Sage von einem »goldenen Sarg, als dessen ›Henkel‹ einzelne Funde von Bronzeringstücken in den Fischersdorfer Grabhügeln angesehen wurden, die ... auch an den Gipfel des Gleitsch im Bereich der Teufelsbrücke geknüpft ist.«[46] Drei dieser Grabhügel wurden von Raubgräbern, denen es nur darauf ankam, Metallfunde zu machen und anschließend zu verkaufen, unsachgemäß erbrochen und geplündert. Den vierten – ebenfalls schon angeschnitten und nicht mehr vollständig – öffneten im Jahre 1910 die beiden

Saalfelder Gymnasiasten R. Köhler und F. Faulwetter, um dem Kleinkamsdorfer Raubgräber, den Berginvaliden Ernst Arnold, zuvorzukommen. Sie erstellten einen Grabungsbericht und übergaben einige Fundstücke dem Saalfelder Museum.

Dazu zählten ein Feuersteinmesser [l.: 2½ cm] und andere Steinwerkzeuge, verschiedene Bronze- und Eisenartefakte, so einen zusammengebogenen Eisenspeer, menschliche Skelettteile und Urnen. Alles deutete darauf hin, daß der während der Mittleren Bronzezeit [um 1500 v. Chr.] errichtete Grabhügel [I] während der frühen Eisenzeit weitere Beisetzungen aufnahm. Vergleichbares fand sich während einer anderen Ausgrabung in den Grabhügeln II und III. In einem weiteren Grabhügel [IV], den Arnold geöffnet hatte, »soll eine Art Mauer gewesen sein, die einen rechteckigen Platz einschloß. Die Abdeckung bestand aus einer haustürgroßen Steinplatte. Arnold verkaufte die Funde, zwei Bronze-Armbänder und eine Bronzefibel, nach Straßburg, einen Menschenschädel nach Rudolstadt.«[47] An der Ostseite des Grabhügels legte der Unterwellenborn Forscher S. Kaldeborn Skelettgräber ohne Packung frei, die ihm an Bronzefunden lieferten: 1 Frühlaténefibel, 1 Spiralfingerring mit 4 Windungen, 4 Windungen eines Armringes, 1 flachen Bronzering, auf dessen Oberseite flache Erhebungen mit quergekerbten Schrägvertiefungen wechselten, Bruchstücke von einem Buckelring, einer Radnadel mit Oehr vom oberrheinischen Typ und ein spitznackiges Steinbeil. An Eisenartefakten wurden 1 Messerbruchstück und 1 Nagel geborgen. Desweiteren kamen 3 Feuersteine und mehrere Scherben, 4 davon mit roter Oberfläche ans Licht. Die von Arnold ins Elsaß verkauften Bronzen scheinen dort entsprechendes Aufsehen erregt zu haben, denn C. Tröster aus Straßburg reiste zwecks weiterer Grabungen nach Fischersdorf und habe in dem Grabhügel IV 2 große Urnen, 2 Fibeln und 1 Bronzekrug mit Emailleverzierung geborgen. Zudem will der Bauer Otto Franke schon früher östlich des Hügels 1 Urne und 1 Gerippe gefunden haben.[48]

# II. Vom Weinberg über den Gleitsch nach der Hexensäule

*»Weinberg → Gleitsch mit Steinhäusern, Teufelsbrücke und Keltensiedlung → Pfaffenberg und Pfahlwerk → Mühltal und Bornleite → Hexensäule«*

⌘ An der Wegspinne wählen wir jenen Abzweig in westliche Richtung, der uns über das sogenannte ›Steinhaus I‹ auf das imposante Gipfelplateau des Bergmassivs Gleitsch führt, der 1957 als größtes Bodendenkmal Ostthüringens galt und der nachweislich seit der ausgehenden Altsteinzeit von den Menschen der verschiedenen Zeitepochen immer wieder besucht und zeitweise auch bewohnt wurde.[49]

### *Gleitschmassiv – Steinhäuser – Teufelsbrücke*

Der Gleitsch ist ein spitzer, ins Saaletal vorspringender, steil abfallender und mit einer markanten Felsenkuppe gekrönter Ausläufer des Roten Berges, der hier sein südöstliches Ende findet. Nach drei Seiten hin freistehend,[50] zwingt er »den von Osten kommenden Fluss zu einer scharfen Biegung, die zunächst nach Süden, dann nach Westen und Norden verläuft, bevor der Fluss in seinem Tal an der Westflanke des Berges in nördliche Richtung weiterfließt. Der Berg liegt auf halbem Wege zwischen der Mündung der Loquitz in die Saale bei Kaulsdorf und der Mündung der Orlasenke in das Saaletal bei Saalfeld und besetzt so einen landschaftlich markanten Punkt.«[51]

Zudem gilt der klimatisch begünstigte, an seinen üppigen Süd- und Südosthängen, bis ins 19. Jahrhundert mit Rebstöcken auf ausgeprägten Weinterrassen bebaute Ort »als ein sogenannter pflanzengeographischer Eckpfeiler. An seinen sonnigen Abhängen erreichen viele wärmeliebende, aus Süd- und Südosteuropa stammende Pflanzenarten ihre mitteldeutsche Verbreitungsgrenze.«[52]

»Überhaupt ist der Gleitsch samt seiner Umgebung ein geheimnisumwitterter Ort. Dem geschichtssensiblen Wanderer bleibt nicht verborgen, dass diese Stätte von einer besonderen Aura umgeben ist. ... Der Gleitsch bot seine Besiedlern und Besuchern zu allen Seiten ein einzigartiges Panorama.«[53]

Die **Teufelskanzel** mit ihrer Gipfel-Aussichtsplattform bildet den ›unstreitig schönsten Hochpunkt der hiesigen Gegend‹, von wo man einen großen Teil des Saaletals nach allen Seiten hin einsehen kann. Nach Norden hin überblickt das Auge den größten Teil des Saalfelder Kessels und die umgebenden Landschaftseinheiten. Nach Süden gewinnt es Einsicht in das Saaltal kurz vor Austritt aus dem Thüringer Schiefergebirge. Man schaut hinunter auf Fischersdorf und Breternitz, auf die aufragenden alten Saaleterrassen um die Flurbezirke ›Schlupf, Mockel, Lohmen‹ zu den Saalebergen hinter Kaulsdorf und Hohenwarte.[54]

Schon den beiden Vorgeschichtsforschern Wilhelm Adler und Diakonus Börner war der Gleitsch ein **großartiger heidnischer Opferplatz**, dessen Eingang ein ungeheurer Kalkfelsen bildete, »der die ganze südliche Spitze des Berges umgibt. Hier hat die Natur, um die Gegend noch anziehender zu machen,«[55] ein Tor – die ›Teufelsbrücke‹ – in den gediegenen Felsen angebracht, durch welches man durch ein paar in den Felsen gehauene Stufen auf den Gipfel gelangt. Diese Felsenbrücke gleicht im verjüngten Maßstabe dem Prebischtor auf dem Großen Winterberg im Elbsandsteingebirge und trägt gleichfalls zierliche Fichtenstämme. »Es mag den Eingang zum Heiligtume gebildet haben. Gegen Westen nach der Saale zu öffnet sich der Eingang einer **Höhle**, die durch Steinebrechen leider bis auf eine Felsspalte verschwunden ist. Auch eine heilige Quelle aus jener Zeit quillt reichlich noch jetzt an dem nördlichen Abhange des Berges. Nach dem Weltkriege wollen Bergleute beim Schätzegraben auf dem Gleitsch eine Wendeltreppe gefunden haben.«[56] Inzwischen ist das Erreichen des Hochplateaus nicht mehr durch das Steintor möglich, sondern über einen rechts davor angelegten Fußsteig. Auch ist der von Dr. Adler erwähnte Ausblick heute etwas vom Baumwuchs beschränkt. »Bei der Entstehung von Teufelskanzel und Teufelsbrücke soll der **Sage** nach der Teufel seine Hand im Spiel gehabt haben.«[57] Demnach können auf jeden Fall vorchristliche Traditionen angenommen werden. Dies bestätigen auch weitere, im Volke von Generation zu Generation überlieferte

Legenden, die auch ins Schrifttum – etwa in die Saalfeldi-
schen Historien des Caspar Sagitarius aus dem späten 17. Jahrhundert – Eingang fanden. So gilt die Errichtung der keltischen Höhenburg bei einigen Kultplatzforschern nicht als
Ursache, sondern als Folge bereits früherer um den Ort sich
rankender kultischer Bezüge. Sonst ist es in der Regel umgekehrt – sind Überreste frühgeschichtlicher oder mittelalterlicher Bauten erst später zu Aufenthalts- und Erscheinungs-
orten andersweltlicher Entitäten geworden.[58]

Der Legende nach habe auf dem Gleitsch einst ein **Schloß**
mit vergoldetem Tore und hohen Türmen gestanden, das vom
Blitze zerstört und in den Erdboden versunken sei.[59] »Man hat
versucht, ein neues Schloß darauf zu bauen, es ist aber nicht
gelungen, denn was man am Tage erbaute, ist in der Nacht in
die Tiefe geworfen worden. In den Räumen des versunkene
Schlosses im Gleitsch soll eine **Braupfanne** voll Goldes sein.

Auch sollen seit Jahrtausenden hier große Mengen Weines
vorrätig liegen. Davon hätten schon unzählige Leute von Her-
zen gern gezapft, nur ist das Schlimme dabei: Die Zugänge zu
dem mächtigen Keller und den Fässern darinnen werden von
neun feurigen Wölfen gehütete und verteidigt. Der Hauptein-
gang zu diesem lockenden Reiche soll sich am Fuße der nahe-
gelegenen Teufelskanzel befinden.

Ein **Zwerg** – so heißt es – werde den Schlüssel, der die
Pforte erschließt, dereinst am Drudensteine finden. Dieser
Schlüssel soll von lauterem Golde sein, und als Merkzeichen
eine Schlange darstellen, die sich in den Schwanz beißt. Hat der
Zwerg mit diesem Schlüssel die Türe aufgeschlossen, so sind
die neun feurigen Wächter von ihrem Dienst erlöst.«[60]

Der ›heidnische Opferplatz‹ auf dem 184 m über der Saale
sich erhebenden, jetzt teils zu Feld umgewandelten Gipfelplateau des Gleitsch soll nach damaligen Maßstäben ein 232
Schritte umfassendes, von Süd nach Nord 95 Schritt und von
Ost nach West 63 Schritt messendes Areal eingeschlossen
haben, das nach Nordwesten und Süden hin von einem 11-16
Schritt breiten Erdwall umgeben war. Besonders auf dem

›obersten Acker‹ fanden sich nach Hunderten zu zählende Mengen von Scherben, ansonsten Urnenscherben, Knochen und Aschereste, die von der älteren Forschung als unverkennbare Spuren großartiger Opfer- und Bestattungszeremonien interpretiert worden sind. ›Auf nacktem Fels am Rande nach Reschwitz zu‹ kamen messerähnliche Feuersteinsplitter, einer davon mit glasartigem Glanz, ein kleines Feuersteinmesser sowie zwei vom Klingenschlagen übrige Kernsteine ans Licht.[61] »An der nördlichen Seite will man – da, wo der Bauer Bocklitz aus Obernitz Feld angelegt hatte – am 10. Juli 1831 in 1 Fuß Tiefe gefunden haben: ½ Fuß schwarze Erde, Kohlen und Asche, darin Tierknochen, besonders von Pferden, und Eberzähne mit Spuren von Brand, viele unverzierte, oft ½ Zoll dicke Scherben von grober schlecht gebrannter Masse, zumeist von roter Farbe, ein kleiner schlangenköpfiger Bronzering, ein Tonamaulett mit Loch, zwei irdene Perlen, und Stücke von Wasserblei, endlich sollen auch am Abhang des Gleitsch nach Obernitz hin ›römische Münzen‹ gefunden worden sein.«[62]

Kommen wir nun zu den merkwürdigen **Steinhäusern** auf dem Gleitsch: Zwischen dem Gipfel des Gleitsch [403 m] und der nach Osten sich anschließenden Hochebene des Roten Berges befindet sich eine flache, wohl natürliche Einsenkung des Bodens mit einem, von Hang zu Hang reichenden künstlichen Graben, der zumeist schon wieder verschüttet ist »und endlich weiterhin in Zwischenräumen von 12-30 Schritten drei hohe, kurze Raine, deren frühere Durchgänge im Süden so angelegt scheinen, daß Ankommende die vom Schilde ungedeckte rechte Seite etwaigen Verteidigern zukehren mußten.

Bei diesen Rainen soll noch 1831 eine Reihe von Steinen sich befunden haben, die 3-4 Fuß voneinander abstanden und unweit davon an der Ostseite zwei senkrecht gestellte Platten, über die eine dritte schräg gelegt war, diese unten mit einer Aushöhlung. Später sagte Adler: ›Welche aus drei großen Felsen bestanden, auf welchen eine schief liegende Platte ruhte‹. Diese drei Platten aus Zechstein stehen noch heute am östlichen Waldrande des Gleitsch, südlich wenige Schritte vom Wege, der von der Rotenberghochebene in den Gleitschwald führt.«[63] Diakonus Börner berichtet 1831 noch folgendes: »Gegen Morgen auf der Abdachung des Berges findet sich ein Denkmal aus drei Felsblöcken gebildet. 1820 ruhte eine schief liegende Platte darauf. Ein anderes Werk dieser Art und Bestimmung erhebt sich in derselben Richtung, weit großartiger als das erste und in höchst malerischer Form.

Es gehört zu dem Stein- und Felsenkranz, der die unterste Terrasse umschließt und noch mehrere wunderliche Figuren und Gestalten darbietet. Die Fläche innerhalb des Steinkranzes bildet eine Opferstätte von einem Umfange, wie sie zu dieser Bestimmung im Orlagau nirgends entdeckt worden ist. Sie wird gegenwärtig zu ergiebigem Getreideanbau benutzt. Der ganze Boden besteht aus Asche, Knochen und Urnenscherben. Einige Fuß höher auf der oberen Terrasse findet man keine Spuren mehr von Opfern. Mehrfache Nachgrabungen sind auf dem Opferherde unternommen worden.«[64]

»Man will bei diesen Rainen gefunden haben: menschliche Knochen [›es scheinen hier Steinhäuser zu seyn, welche mit den Gräbern unterm Eritzberge Aehnlichkeit hatten, aber durch das Pflügen zerstört waren‹],«[65] Bruchstücke einer durchbohrten steinernen Streitaxt, einer Handdrehmühle u.a. steinerner Instrumente sowie Teile eiserner Ringe und Amulette aus Ton. Mit ›Eritzberg‹ ist der Erzberg unfern Öpitz gemeint. Ähnliche Steintische erwähnen Adler und Börner noch an verschiedenen Stellen in der Orlasenke, so auf dem Engelsberg bei Seisla. Insgesamt finden sich an dem zum Gleitsch führenden Weg noch drei erhalten gebliebene Steinhäuser aus unbearbeiteten Zechsteinblöcken. Optisch erinnern diese steintischartigen Male an einfache Hügelgräber [Urdolmen] des Megalithzeitalters. Am weitesten, etwa 700 m NNW vom Gipfelplateau entfernt und noch in der Fischersdorfer Gemarkierung, liegt das **Steinhaus I**. Es besteht aus einer großen, zu gutem Teil schon in den Hang eingesunkenen Deckplatte, die halb auf zwei Trägersteinen ruht. Ähnlich aufgebaut ist das auf der Hälfte des Weges zum Steinhaus III gelegene **Steinhaus II** mit seiner schrägstehenden, oben spitzzulaufenden Deckplatte. Das **Steinhaus III**, jenseits des Grabens nach dem Felsentore hin links unterhalb des Weges gelegen, veranschaulicht am deutlichsten von den dreien, wie die große Deckplatte direkt vom anstehenden Gestein abgebrochen [worden?] ist. In Unterschied zu den anderen beiden Steinhäusern ruht diese jedoch auf acht Stützen.

Etwa 70 m entfernt südlich davon findet sich rechts vom Wege der Überrest eines höchstwahrscheinlich von Schatzgräbern zerstörten **Steinhauses IV**. Hier ist bereits jenes unselige Tun vollendet, von dem auch die anderen Steinhäuser nachwievor bedroht sind. Denn auch sie werden leider immer wieder in unverantwortlicher Weise von Sondengängern unterwühlt. Inwieweit die Steinhäuser auf dem Gleitsch nun natürlicher Entstehung sind, oder ob der Mensch »bei der imposanten Lagerung der vom anstehenden Gestein gelösten, auf kleineren Steinen ruhenden Platten nachgeholfen hat, um sie als Grabstätten zu benutzen, war zwar immer umstritten, aber die Einwirkung des Menschen ist doch sehr wahrscheinlich.«[66] Ihre Nutzung als Grabmale der Jüngeren Steinzeit ist – wenn auch nicht endgültig gesichert – keineswegs ausgeschlossen. Alle diese Anlagen öffnen sich nach Osten.

Sicherlich waren sie von einem inzwischen längst verwehten Erdmantel umgeben. Daß sich auf dem Gleitsch mindestens ein Grabhügel aus dem Jungpaläolithikum befunden haben muß, zeigt der Fund eines durchbohrten Hundezahnes als typisches schnurkeramisches Schmuckelement. »Ein ähnliche Zahn stammt zusammen mit einer schnurverzierten Becherscherbe aus der benachbarten Flur Kleinkamsdorf.«[67] –

»Von weiteren Hügelgräbern auf der Wernburg – der höchsten Kuppe des Roten Berges – sowie bei Kamsdorf, Röblitz und Köditz sind ehemalige Standorte bekannt.«[68]

Am Steinhaus III führt linkerhand ein schmaler Steig zu einem besonderen Naturdenkmal. Das sich in der Felsenkrone nach Süden hin öffnende bizarre bogenförmige Felsgebilde von etwa 6 m Höhe, wird auch als ›**Teufelsbrücke**‹ bezeichnet, wobei der Name wohl jüngeren Datums und vermutlich von der nahen ›Teufelskanzel‹ übertragen worden ist.

Genaugenommen handelt es sich hierbei um eine ›Höhlenruine‹, den stehengebliebenen vorderen Teil eines eingestürzten Höhlen- oder Felsdaches [Abri]. Die davor liegenden Absturzblöcke zeigen an, daß dieses Dach ehedem weiter nach vorn gereicht und die Höhle bis zu 10 m Gesamtlänge besessen haben mußte, bevor bereits gegen Ende der Altsteinzeit deren hinterer Teil zusammenbrach. Dabei bedeckten die herabfallenden Felsbrocken die Hinterlassenschaften eiszeitlicher Wildpferdjäger, die vor etwa 13.500 bis 12.000 Jahren über mehrere Perioden in und vor der Höhle gehaust und gewirtschaftet hatten. Auf Initiative des Bodendenkmalpflegers Reuter aus Obernitz legte das Museum für Ur- und Frühgeschichte Weimar zusammen mit der Arbeitsgruppe für Ur- und Frühgeschichte Saalfeld in den 1960er-Jahren bis 1972 hier eine Station des Magdalénien-Zeitalters mit bis zu 25.000 Fundstücken – meist Knochen, Waffen und Feuersteinwerkzeuge – frei, die aufgrund verschiedener ›Paradestücke‹ in den Reigen der bedeutendsten vorgeschichtlichen Fundstätten Thüringens aufgenommen wurden. Dabei enthielt das geborgene Inventar der unteren Schichtenfolgen neben Silexartefakten und teils verzierten Knochenresten [u.a. von Wildpferd, Seigaantilope, Wildrind, Ren, Reh, Braunbär, Hase] und Geweihstücken, auch eine Knochennadel, zudem das Fragment einer verzierten Harpune, eine Speerschleuder aus Rentiergeweih in Form eines Pferdekopfes, eine stilisierte Frauenfigur [Venus?] als Fruchtbarkeitssymbol der Zeit um 10.000 v. Chr., einen merkwürdigen Lochstab und einen sogenannten ›Magischen‹ bzw. ›Heiligen Stein‹ – eine Steinplatte mit Ritzzeichnungen.[69] Darauf »zu erkennen sind zwei tanzende Frauen, ein Mammut und ein Schneehuhn sowie drei weitere Wesen, die als Geister oder Schamanen gedeutet werden können. Forscher vermuten, dass die Höhle auf dem Gleitsch ein wichtiger Kultort gewesen ist.«[70]

Bei den Ausgrabungen erwies es sich als überaus störend, daß in der Vergangenheit bereits Bergleute wie auch Schatzsucher das sagenumwobene Gelände gründlich durchwühlt hatten. So fanden – ähnlich wie bei den Ausgrabungen in den berühmten Höhlen von Döbritz – die beiden Metallzeiten zu wenig Aufmerksamkeit, und manch Beachtenswertes aus diesen Perioden blieb unberücksichtigt. Dennoch konnte konstatiert werden, daß der Abri während der Laténezeit als Verhüttungsort von Raseneisenerz diente, das aus dem östlichen Teil des Roten Berges herangeschafft wurde. Keramikscherben und Schlacken im Zusammenhang mit den Überresten eines zeitgleich betriebenen Schmelzofens weisen darauf hin. Überreste einer weiteren Höhle finden sich an der vom Zentralmassiv etwas abgesetzten Südostecke des Felsenkranzes. Weitere teils verschüttete Relikte von Felsvorsprüngen und Höhlen an der Süd- und Südwestseite sind noch nicht untersucht. So wartet manches Geheimnis hier noch auf seine Lösung. Auch die Bedeutung jener aufrecht stehenden Steine dicht unterhalb des Felsentores wird lebhaft diskutiert. Haben auch sie einst Kultzwecken gedient oder das Heiligtum lediglich nur abgegrenzt?[71]

Befand sich auf dem Gleitsch ehedem ein **keltisches Oppidum**? Die nach Westen nur allmählich abfallende Hochfläche des Roten Berges erhebt sich am Gleitsch noch einmal über die Umgebung, um dann an die 190 m tief zum Saaletal hinabzufallen. Bereits während der späten Bronzezeit, also um 1100 v. Chr. hatten die das Rohkupfer des Roten Berges gewinnenden Urnenfelderleute das etwa 1,6 ha große Zechsteinplateau des Berges planiert und mit einem einfachen Gipfelwall befestigt. Eine Quelle am Nordhang lieferte das nötige Trinkwasser. Zur Anbindung an einen, über die Saalfelder Höhen verlaufenden Fernweg existierte während der beiden Hauptbesiedlungszeiten des Gleitsch zwischen der ausgehenden Hallstatt- und beginnenden Laténezeit südlich von Reschwitz eine Saalefurt. Während dieser Periode kam es zur Verstärkung des Gipfelwalls durch einen, den Sporn abschneidenden Graben sowie weiteren Befestigungen in Form von kurzen, an den schmalsten Stellen des Spornes errichteten Abschnittswällen zum Bergsattel – sprich gegen das Massiv des Roten Berges hin –, »so daß die Existenz einer keltischen Höhensiedlung – einem sogenannten Oppidum – in den letzten vorchristlichen Jahrhunderten als gesichert zu betrachten ist.«[72] Weitere Höhensiedlungen diesseits der Saale befanden sich um diese Zeit auf dem Raniser Burgberg, der Altenburg und dem Griebsberg bei Pößneck, vielleicht auch über Könitz. Auch wenn die bis etwa 350 v. Chr. in Nutzung stehende Wallanlage auf dem Gleitsch aufgrund ihrer geringen Größe wohl nur in unruhigen Zeiten von der verstreut über den gesamten Roten Berg siedelnden keltischen Bevölkerung aufgesucht worden sein mag, so läßt sich ihre Be-

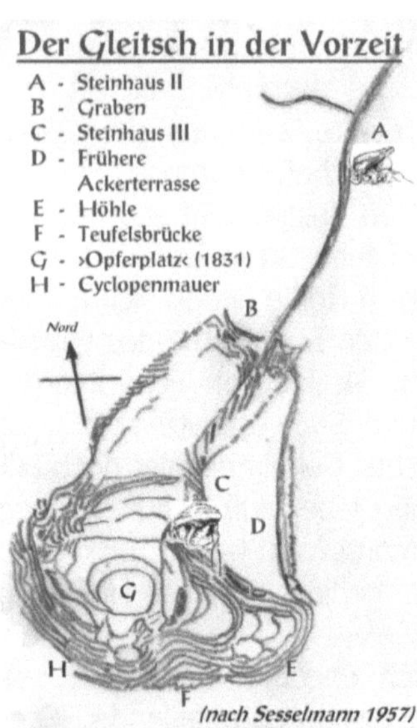

(nach Sesselmann 1957)

deutung doch entfernt mit der Steinsburg auf dem Kleinen Gleichberg bei Römhild vergleichen, obwohl sie hinter dem Fundreichtum und der gewaltigen Ausdehnung dieser größten keltischen Hügelfestung Thüringens weit zurücksteht. Dabei hatte der Burgenforscher Curt Sesselmann, der erste Kartograph des Gleitschgipfels, die unter dem Felsentor, den Steig nach Obernitz stützenden Trockenmauern noch als ›**cyklopische Mauer**‹ angesehen, obwohl sie mit der einstigen Wallburg eher nicht in Verbindung stehen, sondern vielmehr dem, vom Mittelalter bis in die Neuzeit hier betriebenen Steinbruch, in dem auch das Steinmaterial für die Obernitzer Kirche gebrochen wurde, ihre Entstehung verdanken.[73]

Daß die Burg ehedem durch Brand zerstört worden sein mag,

deutet entfernt eine Randnotiz der älteren Forschung – ›Scherben, Schlacken und Knochen vom Schlackenwall des Gleitsch bei Saalfeld‹[74] betreffend – an. Doch können damit auch die Überreste ehemaliger Verhüttung gemeint sein. Man denke in dem Zusammenhang an die Sondierungsgrabungen, die der Archäologe Rudolf Feustel bis zum Jahre 1970 unternommen hat, wobei er unmittelbar am Gipfel des Gleitsch wie auch unter der Teufelsbrücke, und selbst in einem der Steinhäuser, ›etliche Hinweise auf die Verhüttung von Kupfer- und besonders auch von Eisenerzen‹ gefunden hat, wenn auch einiges davon aus zerschmolzenen Metallbeigaben vormaliger Brandbestattungen stammen kann.[75]

Dennoch belegen Altfunde von Rohgraphit und Gußformen aus Graphitton »den Technologietransfer aus dem keltischen Kernland, der das Leben der einheimischen Bevölkerung während der keltischen Expansion verändert hatte. ... Tonbrandscherben einfacher Machart, Lehmbrandreste mit Holzabdrücken von Hüttenwänden, Eisenschlacken und Spinnwirtel künden von der Arbeit der Bewohner. Scherben dünnwandiger Drehscheibengefäße, sogenannte ›Braubacher Ware‹, zeigen spärlichen Reichtum an,«[76] wenn auch kostbarer Schmuck, wie »der an sich seltene Fund einer zweigliedrigen Paukenfibel mit reicher Fußzier aus der Späthallstattzeit (700-500 v.u.Z.) vom hinteren Gleitsch (Ortsflur Fischersdorf, Flurstück am ›Quericht‹),«[77] nicht direkt aus der Höhensiedlung, sondern einem Grab in der Nähe entstammt. Interessant sind auch die vielen Bruchstücke von Handdrehmühlen aus hiesiger Grauwacke vom Gleitsch bzw. vom ›Alten Geheege‹ südlich von Saalfeld, die ältesten aus der Zeit um 700 v. Chr., die gleichfalls die Adaption neuer Techniken belegen.

Auch spätere Zeitepochen haben auf dem Gleitsch ihre Spuren hinterlassen. So wurden in den frühen 1980er-Jahren unter Leitung der beiden Denkmalpfleger Klaus Waniczek und Wilhelm Reuter mit Genehmigung des Weimarer Museums noch Grabungen an Wallresten unternommen, bei denen einige Scherben von Glimmertonkeramik auf deren Entstehung oder Instandsetzung in mittelalterlicher Zeit verweisen, als die alten Wälle möglicherweise als Fluchtburg wieder in Betrieb genommen wurden. Am Ende ist es der langanhaltenden Abfuhr von Steinen und Füllerde durch die Bewohner der umliegenden Dörfer zu verdanken, daß die Wallanlagen auf dem Gleitsch in ihrer Lückenhaftigkeit heuten nur noch schwer zu erkennen sind und die gestaffelten Wälle, die von den Trümmern einer zusammengestürzten palisadenartigen Holz-Erde-Konstruktion herrühren, als Böschungen abgestufter Terrassen dem bodenkundlich ungeschulten Betrachter kaum noch auffallen.[78]

Wo sich wie auf dem Gleitsch soviel Mythos und Geschichte verdichten, lohnt es sich einmal, in den Namen des von Geheimnissen unwitterten Berggipfels [1664 Kleitzsch] hineinzuhören: In der benachbarten Orlasenke tragen mehrere vorgeschichtlich bedeutsame Stätten vergleichbare Namen. Man denke dabei an den ›Clutsch‹, den westlichen Eckpunkt der gezackten Felsenkette über dem Teufelstal zwischen Ranis und Krölpa, an den ›Schlechten Berg‹ bei Öpitz oder an jenen ›Kleitsch‹ genannten Teil der, die Orlasenke in zwei Hälften spaltenden Geländeschwelle ›Theure‹ [kelt.: Tavros → Hochland, mächtig, Stier] zwischen Lausnitz und Krobitz. Während die einen die ›Gleitsch‹-Namen auf das keltische Synonym ›Cletis, Cleith → steiler Hügel, Bergriegel‹ beziehen, leiten andere ihn von dem slawischen Synonym ›Klucz‹ [Schlüssel] ab, welches dem tschechischen Sprach- und Religionswissenschaftler Bohumil Holub [2007] zufolge auf einen heidnischen Orakelort verweise und überhaupt ›ein stark religiös aufgeladenes Wort der Frühzeit‹ gewesen sei. Desweiteren läßt sich ›Gleitsch‹ von einem alteuropäischen Synonym für ›Keil, Spitze‹ oder auch ›Zacken‹ [Ort mit einer Steinmauer?] ableiten, das selbst im Slawischen als ›Klec → Knieholz, Felsklippe‹ in einer ähnlichen Bedeutung überliefert ist.[79]

## Die Käsesteine

Bis zum Bahnbau 1870 sollen dicht am Fuße des Gleitsch wenig über der Saale an der Straße nach Fischersdorf nahe an einer Felspartie namens ›Teufelskanzel‹ zwei natürliche, längliche, vom Saalewasser gerundete, käseförmige Felsplatten gewesen sein, wo man Opfermesser und Pfeile gefunden

*Roter Berg: An der Wernburg*

haben will.[80] »Diakonus Börner nennt die Käsesteine zwei kolossale **Steinplatten**, die auf einem künstlich bearbeiteten Felsblock liegen. Er hat unter diesen Steinen graufarbige Schalen ähnlich Käse-Näpfen gefunden und eine mit einem Henkel versehene Ascheurne.«[81]

Der Vorgeschichtsforscher Wilhelm Adler bezeichnet 1837 vier **Grabhügel** ebenfalls als ›Käsesteine‹, ohne sich wie gewohnt über deren Lage näher zu erklären. Einer enthielt auf seinem Grund eine ½ Fuß dicke, nach den Rändern hin sich verjüngende Asche- und Kohlenschicht. Darin lagen ein Schwert- und ein Messerbruchstück aus Eisen sowie ein gehenkeltes und unverziertes Tongefäß voll verbrannten Menschengebeins. Etwas höher im Hügel ein aufgerichteter weißer Kiesel über einem 2 Fuß breiten schwärzlichen Kiesel, bei dem sich in einer kleinen kesselförmigen Vertiefung, umgeben von Asche und Kohlen, drei flache Schalen fanden, die Käse-Näpfen ähnelten. Der obere Teil des Hügels barg lediglich eine kleine Schale und zerstreute Scherben.

Ähnlich waren auch die drei anderen Hügel aufgebaut, mit Brandresten an der Basis und Scherben an der Spitze. Wagners Saalfelder Chronik verbindet die Funde vom Gleitsch mit denen der vier Käsesteinhügel. Die Fischersdorfer Grabhügel auf dem Weinberg, von denen Adler in seinen Schriften seltsamerweise nichts berichtet, obwohl er sie sicher kannte, werden aufgrund ihrer Größe nicht mit den besagten Hügeln gleich gewesen sein.[82]

*Der Gössitzfelsen*

»Der breite Rücken des Roten Berges besitzt einen südlichen, schmalen, zapfenförmigen Ausläufer,«[83] in Gestalt des Gleitsch [403 m], dessen bewaldeter, sehr steil zur Saale abfallender Südosthang in der Gesteinsformation des Gössitzfelsens [311 m] mit dem ›Löwenkopf‹ seinen Abschluß findet. Hier mag sich der **Sage** nach einst das folgende, auf den Gleitsch bezogene Ereignis zugetragen haben:

»Unter dem Gleitsch, einem auffallend gebildeten Felsen bei Fischersdorf, fuhr Frau Perchta mit den Heimchen auf einem Wagen, dessen Achse zerbrach. Ein ihr begegnender Landmann half, indem er eine Notachse zimmerte.« Ähnlich wie bei der Sage von der Kaulsdorfer Furt verschmähte auch er »die Späne als Lohn und trug einen, in seinen Schuh gefallenen Span, der sich in ein Goldstück verwandelte, mit nach Hause.«[84] An dieser Flußstelle westlich von Fischersdorf hatte die Saale bei ihrem stufenweisen Einschnitt in die Hochebene ein Hindernis in Gestalt eines Bergriegels vorgefunden und war gezwungen, etwa 1 km an dessen Fuße entlangzufließen. Zwischen Weischwitz und Reschwitz endlich, wo sich der Sattel etwas verflachte, war ihr endgültiger Durchbruch nach Norden ins Thüringer Becken möglich. Der von der Straße aus nicht einsehbare Sattel »ist im Scheitel gebrochen, sein Gegenflügel an zwei streichenden Störungen in die Tiefe gesunken. Nur die imposante steilstehende Südostflanke zeigt noch die ursprüngliche Sattelstellung.«[85] Abgesehen von diesem Faltenbau ist ein System von west-ost-streichenden Verwerfungen evident, welche den Sattel auf einer Länge von etwa 100 m in ungefähr gleichen Abständen durchsetzen. Auf einigen dieser Verwerfungen findet sich Schwerspat abgeschieden. »Ein kleiner, älterer, heute verschütteter Stollen folgte dem Abbau von Schwerspat. Man kann diese Vorkommen als Wurzeln von Gängen auffassen,« die nach oben zu den Zechsteinflözen des Roten Berges hin erzreicher werden.

Infolge der Verwerfungen wurde das Massiv nicht nur in Blöcke zerteilt, sondern die besagten Schollen auch verkantet.

Mit der Störung, die den großen Steinbruch am Südrand des Felsens begrenzt, ist ein sogenannter Kippungsscheitel verbunden. »Nordöstlich davon tauchen die Blöcke nach Nordosten ab, südwestlich ist es gerade umgekehrt. Eine 17 m mächtige Schicht des kleinknotigen anstehenden Knotenkalks ist für die Marmorgewinnung geeignet. Nur in diesem Schichtpaket übersteigt der Kalk-, den Schieferanteil.«[86]

Nachdem der Gössitzfelsen beim Bau der neuen Straße nach Saalfeld 1851 angerissen war, begann man den anstehenden Knotenkalk als gut abbaubaren, leicht zu bearbeitenden und wetterfesten Werkstein zu nutzen. Bedingt durch die Oxydation von Eisenmineralien während der Abtragung des Variskischen Gebirges weist er eine kräftige rötlich schimmernde Gesteinsfarbe auf, wodurch der ›Saalemarmor‹ – wie er bald genannt wurde – zum schönsten natürlichen Baustein unserer Gegend avancierte, der – zu Werksteinen verarbeitet – in der weiteren Umgebung für den Bau von Häusern, Mauern, selbst als Material für Grabsteine und Repräsentationsbauten Verwendung fand. Der seit 1858 von einem Fischersdorfer Maurermeister betriebene Steinbruch erlebte seine Blüte während des Eisenbahnbaus 1871, als mehrere Bahnbrücken, u.a. die von Weischwitz, daraus erstanden. Weitere Abbaustätten dieses besonderen Knotenkalks fanden sich am Bohlen und im Mühltal auf Obernitzer Flur sowie linkssaalisch auf Kaulsdorfer Flur [ EB-km 148,8].

Zu DDR-Zeiten wurde der Steinbruch am Gössitzfelsen dem VEB ›Marmorwerk Saalburg‹ einverleibt, der von 1957 an – bis in die 1960er-Jahre hier intensiv die Marmorsorte ›Fischersdorf‹ gewann. Weitere Abraumarbeiten von 1978-1980 legten unbegrenzt neuen Werkstein frei. Infolge der komplizierten Tektonik des Gebirges kam es im Jahre 1961 zu einem gewaltigen Felsrutsch, der die darunter entlangführende Fernverkehrsstraße F 85 bedrohte. So mußte von 1962 bis 1965 das Saalebett verlegt und die überhängenden Felspartien gesprengt werden, wobei das imposante Felsprofil mit dem ›Löwenkopf‹ teilweise verlorenging.[87] »Nach Einstellung der Sprengarbeiten blieb ein mächtiger geologischer Aufschluss an der Steilwand zurück, der eine eindrucksvolle Faltenbildung des Knotenkalks des Devons in Längsrichtung zeigt – im Gegensatz zur Querfaltung am Aufschluss des Bohlen.«[88]

Das Gelände um den 70 m tief zur Saale hinabfallenden ›Gositzfels‹ gehört heute zu dem 123 ha großen Landschaftsschutzgebiet ›LSG Gleitsch‹, welches neben dem Plateau des Gleitsch mit seinen Steinhäusern, der heute ein Felsentor darstellenden Wohnhöhle aus der Altsteinzeit, sowie einer laténezeitlichen Wallanlage auf der Höhe von Fischersdorf auch den Pfaffenberg bei Obernitz miteinschließt.[89]

### Pfaffenberg und Pfahlwerk

Nördlich des Gleitsch wird ein, vom Roten Berg nach Westen zungenartig vorgelagerter, zur Saale hin über 100 m tief abfallender Bergrücken [361 m]  mit leicht über das Plateau herausragender Kuppe ›**Pfaffenberg**‹genannt. Hier kommen Feuersteingeräte vor, ebenso auf dem ›Acker neben dem Gleitschweg‹. Der Flurname ›**Pfahlwerk**‹ für den unteren flachen Westhang des Berges liefert, wenn nicht einen Hinweis auf die Befestigung von Weinbauterrassen, ein Indiz für eine vormalige **Palisadenwallanlage** aus der Frühzeit, worauf selbst der Name, des direkt an den Pfaffenberg sich anschließenden Straßendorfes Obernitz [1152 Obernicz] – von dem altsorbischen Synonym ›obora → Einzäunung‹ – selbst hindeutet.[90]

⌘ Vom Gleitschmassiv geht es zurück zu unserer Wegkreuzung auf dem Oberen Weinberg, wo wir linkerhand den alten Saalfeld-Leutenberger-Weg in Richtung ›Hexensäule‹ weiterverfolgen.

### Das Tännig

Links des Wegen tangieren wir bald das ›**Tännig**‹ [1524 das Tennich, 1729 Tanningen] ein ehemaliges Bergbaurevier auf dem Bergsattel zwischen dem Gelände des Roten Berges und dem Gipfel des Gleitsch nahe der Flurgrenze zu Fischersdorf ist für Feuerstein- und sogar Scherbenfunde bekannt. Der Name eines nahen vorzeitlichen Brandsignal- bzw. Brandopferplatzes [kelt.: Teine(n) → Feuer, brennen] hat sich wohl später auf die Flur übertragen.[91]

⌘ Am Flurteil ›Hexensäule‹ kreuzt sich unser Weg mit dem von Obernitz aus dem Mühltal heraufführenden Weg über den Roten Berg und die Königszeche nach Kamsdorf.

Infolge diverser Halden, Pingen, Steinbrüche, verschütteter Mundlöcher ist in diesem Flurbereich und selbst in dem nahen, westlich verlaufenden ›Birktal‹ mit seinem besonderen Trockenrasen-Bereichen noch heute viel zu entdecken.[92]

*Das Mühltal*

Ausgehend von dem allmählich abfallenden Nordwestabhang des Roten Berges zieht sich zwischen Bohlen und Pfaffenberg nach Südwesten ein Grund mit schwachem Bachlauf zur Saale hin, dessen Ausmündung ins Saaletal die Ortslage von Obernitz berührt. Im Jahre 1537 als ›Obernitzer Grund‹ [Obernitzer Grunde] bezeichnet, wird er meist ›Thal‹ [1673 Thal], seit dem 18. Jahrhundert auch ›Mühltal‹ genannt. In seinem oberen Ausgang in der Umgebung der Hexensäule finden sich im Halbtrockenrasen botanische Besonderheiten. Zwischen den 16. und 19. Jahrhundert wurde dort Bergbau auf Silber, Kupfer und Kobalt betrieben. Zudem existierten hier zwei Steinbrüche auf Quarzit, einer auf Dachschiefer und ein weiterer auf rotbraunen Knotenkalk. Letzteren ließ der Besitzer der nahen Schokoladenfabrik, Ernst Hüthner anlegen, um Sockelmauerwerk für seine zahlreichen Gebäude zu gewinnen. Bis in die zweite Hälfte des 19. Jahrhunderts stand im Mühltal die **Obernitzer Mühle**. Sie befand sich etwa auf halbem Wege zwischen Obernitz und der Hexensäule. Sie bestand bis nach 1853, wird aber erst im Jahre 1764 erstmals genannt und dürfte nicht vor Ende des 17. Jahrhunderts entstanden sein.

Trotz eines Mühlteichs, der aus dem Stollenmundloch der Kupfererzgrube ›Jeremias‹ im oberen Talabschnitt gespeist wurde, war ihre Wasserzufuhr begrenzt und sie kam buchstäblich ›nie so richtig in Gang‹. Mauerreste von dem Mühlengebäude sind noch sichtbar, »und es gibt an der Flanke des Bohlens einen schmalen Fußweg von Obernitz zur Mühle, der heute noch ›**Eselssteig**‹ genannt wird.«[93]

Etwa 700 m von Obernitz entfernt zweigt vom Mühltal südwestlich ein Seitengrund mit mehreren Gräbchen ab, der als ›**Bornleite**‹ [mhd.: burn lite → Hang mit Quellen] bezeichnet wird. Es ist ein verwunschenes und an seinem südwestlichen Steilhang zudem sonnenverwöhntes Refugium, wo ehedem reger Wein- und Obstbau herrschte. Im unteren Talbereich findet sich kurz vor Eintritt ins Mühltal eine **Quelle**. Der obere, heute als Feld genutzte Südwesthang der Leite gilt als ein Hauptfundplatz für Feuersteingeräte und -splitter, ebenso – wir wir bereits hörten – die benachbarte Flur Tännig. ›Tännig‹.[94]



*Die Hexensäule*

Im Winkel zwischen der besagten Wegkreuzung am Beginn des Mühltals und dem nahen Birktal – höchstwahrscheinlich auf einem kleinen Hügel in jenem Wäldchen 40 m westlich des Punktes 322,1 – stand ehedem ein alter Gerichtsstein die sogenannte ›Hexensäule‹, wo im Jahre 1677 eine der letzten ›Hexenverbrennungen‹ im Saalfelder Raum stattfand.[95]

»An dem Kreuzweg wurde am 4. Mai 1677 Katharina Weber (Webers Käthe), die Ehefrau des Obernitzer Einwohners Hans Weber, durch den Leutenberger Scharfrichter Nicol Kötzler verbrannt, nachdem sie in einem hochnotpeinlichen Gerichtsprozess in 6 Fällen der Hexerei bezichtigt worden war. Später stellte man an dieser Stelle (oberhalb Oberniz aufn Gerüst Platz) eine Mahn- und Erinnerungssäule auf,«[96] von der es im Jahre 1844 heißt, sie sei ›erst kürzlich zertrümmert‹ worden. Kenntnis davon haben wir von einer Eintragung in dem Hausbuche des Saalfelder Baders und Wundarztes Gottfried Kemnitz aus der Zeit um 1700. Gleich im Anschluß daran fährt er fort: »Bald nach dieser Hexe ward Andreas Enders, Hufschmied zu Weischwitz, ebenfalls in den Vippach´schen Gerichten zu gedachten Weichwitz wegen begangener und überzeugter Hexerei decoliret (enthauptet) und verbrannt, Anno 1679.« Die Hinrichtung erfolgte nach örtlicher Überlieferung am Weischwitzer Oberanger. Schließlich endete noch im Jahre 1691 der Reschwitzer Einwohner Anders Kin (wohl Andreas Kühn) auf dem Scheiterhaufen.[97]

Wer den Weg von Obernitz nach Kamsdorf weiterverfolgt, stößt nach etwa 750 m an der ehemaligen Obernitzer Grenze, wo der Weg zum Pelikan abging, auf einen weiteren rechtshistorischen Flurnamen, nämlich auf den **Gerichtsbaum**. Dort war früher ein Gericht über Hals und Hand.[98] Vielleicht damit identisch war der **Teschenbaum**, ein nicht mehr vorhandener Baumveteran, welcher lange Zeit die Saalfeld-Obernitz-Fischersdorfer Flurgrenze markiert hatte. Seinem Namen [altsorb.: ptatzschka → Vogel] nach könnte dieser Baum ursprünglich eine Vogelbeere gewesen sein oder hier war ehedem ein lohnender ›Vogelfangort.[99] Für das an den ›Teschenbaum‹ östlich anrainende obere Ende der Fischersdorfer Flur »auf der Lehde auf seinem höchsten Rücken, rechts vom Wege ... bis südlich der Königszeche« fanden sich »von 1850 an, auch jetzt noch vereinzelt, Steingerät[e], neben kieselförmigen Saalegeschieben, Feuersteingerät, Messer, Pfeilspitzen, einige gut geschlagene Abfallstücke, auch zwei Scherben vom Abhang nach Fischersdorf zu.«[100]

### Das Sühnekreuz am Pfennigstein

Im Saalfelder Flurteil ›Am Kreuz‹ im oberen Teil des Saalfeld-Kaulsdorfer Weges unweit der Gemarkierungsgrenze stand – wie alte Lagebezeichnungen [1429: ›am leutenberger Wege am crucze‹ oder 1512: ›beim steinerne Kreuz am Pfennigstein‹] bezeugen – früher ein **Sühnekreuz**. »Es wird mehrfach angenommen, dass das heutige, an der B 85 oberhalb von Fischersdorf stehende Steinkreuz, welches nachweislich mehrfach versetzt wurde, ursprünglich auf dem Roten Berg gestanden hat.«[101] Es ist ein etwas verkürztes, sonst aber gut erhaltenes lateinisches Kreuz aus Kalkstein mit weit ausladenden Seitenarmen und einem verhältnismäßig kleinen, links abgeschrägten Köpfchen und eingeritzer Stoßwaffe [Saufeder]. Vor 1951 stand es an der Durchgangsstraße nach Kaulsdorf, zuletzt am Steilufer der Saale, worauf es mehrmals gewaltsam umgestoßen und schließlich den Saalfelsen hinabgestürzt worden war. Seitdem galt es als verschollen, wurde aber dann im Flußschotter der Saale gefunden und von dem Maurermeister Oskar Müller an einem weniger gefährdeten Ort wieder aufgestellt. Die eingravierte Mordwaffe jedenfalls weist es als echtes mittelalterliches Sühnekreuz aus. Der Name ›Schwedenkreuz‹ schreibt es dem 30-jährigen Krieg zu. Aufgrund der eingravierten Jahreszahl ›1806‹ sowie der Überlieferung von, in der Nähe gefundenen Franzosengräbern heißt es auch ›Franzosenstein‹. Auf jeden Fall liegt hier eine Zweitverwendung zur Bestattung landfremder Toter in Kriegszeiten vor.[102]

Bei der erstmaligen Erwähnung des steinerne Kreuzes am am Pfennigstein im »Jahre 1512 handelt es sich um einen etwas seltsam gearteten Grenzwischenfall, der in keinem ursächlichen Zusammenhang mit dessen Errichtung steht.
An dieser offensichtlich grenznahen, heute nicht mehr genau zu ermitteln Stelle unweit des ›Teschenbaumes‹, der die am weitesten nach Osten vorgeschobene städtische Weichbildgrenze markierte, sollte um 1480 der Mühlheinz aus Kaulsdorf durch ein schwarzburgisches Halsgericht mit dem Schwerte gerichtet werden, was jedoch durch ein städtisches Aufgebot verhindert wurde, weil die vorgesehene Richtstätte noch zur Saalfelder Stadtflur gehörte.«[103] Der Delinquent kam also mit dem Leben davon und wurde auf freien Fuß gesetzt, denn ein zweites Mal, so wollte es das Gesetz, durfte er nicht für dasselbe Vergehen belangt werden.[104] Wie die Lagebezeichnung von 1512 bedeutet, war also der **Pfennigstein** selbst nicht mit dem besagten Steinkreuz identisch. Es muß sich also um ein andersartiges Steinmal gehandelt haben, möglicherweise um einen alten Kultstein[?]. Der Name ›Pfennigstein‹ nämlich kann in jenem Volksglauben seinen Ursprung haben, wonach unter alten Steinen vergrabene Schätze lägen, von denen der an den Ort gebannte Schatzhüter, oft in Gestalt eines Grauen Männchens, jenen [denen er es zugute kommen lassen wollte] manchmal austeile und für sie zu bestimmten

Zeiten eine Münze [selten einen Pfennig, in der Regel einen Groschen oder Batzen, nie aber einen größeren Betrag] darauf ablege. Die später auf alle größeren Steine an bestimmten Orten [selbst Grenzsteine aus dem frühen 19. Jahrhundert] bezogene Annahme betraf ursprünglich wohl nur jene Teufels- oder Näpfchensteine, die in der Heidenzeit dem Fruchtbarkeits- kulte dienten. Ein solcher Stein war der bekannte ›Ölgötze‹ oder ›Geldstein‹ von Gera-Leumnitz, eine kolossale, mehr als 2 m lange Zechsteinplatte mit Furchen und kleinen Näpfen, die noch um 1870 einmal im Jahr mit Öl eingerieben wurden, um die Fruchtbarkeit des angrenzenden Feldes zu fördern, die dann aber Schatzsucher mit Schießpulver zersprengten.[105]

## III. Von der Hexensäule nach der Schwedenschanze

*»Hexensäule → Abstecher Bohlenwand → Viehtreibe → Schwedenschanze«*

⌘ Von der Hexensäule folgen wir weiter den Weg nach Saal- feld. Wer einen Abstecher ans Südende der ›Bohlenwand‹ un- ternehmen möchte, wende sich nach etwa 50 m linkerhand in westliche Richtung.

### Der Bohlen

Gegenüber dem Wetzelstein am Ausgang des ›großartigen schlingenreichen Felsentals bei dem Dorfe Obernitz‹ über dem rechten Saaleufer zwischen dem Obernitzer Mühltal und dem Köditzer Herrengraben ragt die berühmte Bohlenwand, ein beeindruckendes Felsmassiv mit ihrem über 700 m langen und bis zu 120 m hohen geologischen Aufschluß empor, deren Oberkante von Südosten nach Nordwesten von 340 m auf 326 m ü. NN hinabfällt. Wohl aufgrund des ziemlich ebenen Gipfelplateaus, auf dem ertragreich Landwirtschaft betrieben werden konnte, mag der **Name** ›Bohlen‹ [1640 gegen den Pohlen zu] auf das slawische Synonym ›polina, pole → Feld, Gefilde‹ zurückgehen. Vielleicht wurde der Berg auch nach jenen Weinterrassen an seinen nicht allzusteilen Südwesthän- gen benannt, zu deren Anlage man ›Bohlenkonstruktionen‹ aus Pfählen mit darübergelegten Holmen verwendete, wobei die Zwischenräume zum Hang dann mit Erdreich ausgefüllt und verdichtet wurden. Ein dritter etymologischer Ansatz postuliert eine sakraltopographische Komponente, wonach sich zahlreiche, quer durch Europa ziehende Ortsnamen mit ›Bei, Bel, Bil, Böl, Bal‹ auf Orte heidnischen Sonnenkults bzw. vormalige Sonnenbeobachtung beziehen lassen.

Die österreichischen Kelten- und Sprachforscherin Inge Resch-Rauter zufolge haben wir es hier mit einem indogermanischen Wortstamm zu tun, mit dem die keltischen Götternamen ›Belenus‹ oder ›Belena‹, für die männliche und weibliche Entsprechung der Sonnengottheit korrelieren, ebenso wie der Name des Sonnengottes der alten Phönizier im Nahen Osten ›Baal‹. Selbst der sorbische Lichtgott soll ›Bell‹- oder ›Bieleboh‹ geheißen haben, während das slawische Synonym ›bjeli‹ nicht zwangsläufig ›weiß‹, sondern auch ›hell‹ bzw. ›strahlend‹ bedeutet. Auch eine örtliche Nachbarschaft solcher ›Böhl‹- oder ›Biel‹-Orte zu den ›Wendelsteinen‹, soweit sie ehedem als Sonnenjahresverlaufsmesser [Wandelsteine] dienten – welche die Heidenmissionare dann mit dem Heiligen Wendelin christianisierten – läßt sich nicht allein in den klassischen Keltengebieten, sondern auch in Mitteldeutschland, etwa am Beispiel von Böhlitz-Ehrenberg [bei Leipzig] und seiner vormaligen Wendelinskapelle, nachweisen. Die sonst von einstigen Sonnenkultplätzen, wie vom Gleitsch, bekannten Legenden von, in unterirdischen Labyrinthen ruhenden Goldschätzen fehlen in diesem Falle zwar, doch deutet der Name ›Teufelskanzel‹ für ein Kap in der Bohlenwand vorchristliche Traditionen vor Ort an. Auch aus archäologischer Sicht gibt es kaum Hinweise dazu. Lediglich die höchste Kuppe des Bohlen über der Neumühle ergab auf einer Fläche von 500 Schritten Länge bis zum Fahrtweg nach Köditz mehrere Feuersteingeräte.[106]

»Die **Bohlenwand** gewährt einen Einblick in das innere Gefüge des ostwärts bis nach Kamsdorf sich hinziehenden Roten Berges.«[107] Die Saale hat hier durch ihre abtragenden Kräfte im Laufe der Zwischeneiszeiten einen steilen Aufschluß herausgesägt. Das fast flach liegende, etwa 30 m mächtige Deckgebirge in Gestalt von Zechsteinkalk aus der Permzeit überlagert hier bis zu 100 m hohe, steil aufgerichtete und durch seitlichen Druck in große Falten gelegte, und schließlich oben abradierte Schichtköpfe des bereits im Erdaltertum zum Teil wieder verschwundenen Schiefergebirges des Oberdevons und älteren Karbons.[108] »Nur selten treten die gebirgsbildenden und wieder abtragenden Kräfte uns so anschaulich entgegen wie hier am Bohlen.«[109] Das macht sein geologisches Profil zu einem ›der wunderbarsten und lehrreichsten Aufschlüsse der Erdgeschichte‹ überhaupt und fand Eingang in die geologischen Lehrbücher des In- und Auslandes. »In ganz Zentraleuropa gibt es keinen Punkt wie hier am Bohlen, wo das große Buch der Geschichte so bequem aufgeblättert ist.«[110] Wie die Stadt Saalfeld eine ›Steinerne Chronik Thüringens‹ darstellt, so bildet die Bohlenwand die Steinerne Chronik eines weiten Teiles der Erdgeschichte ab. Das hatte schon einer der ersten Vertreter der geologischen Zunft, der fürstliche Leibarzt und Naturwissenschaftler Georg Christian Füchsel aus Rudolstadt, erkannt und die Aufschlußverhältnisse des Bohlen in seinem 1761 erschienenen, bis heute als fundamental zu betrachtenden erdgeschichtlichen Werk ›Historia terrae et maris, ex historia Thuringiae, per montium descriptionem ...‹ erstmals beschrieben. Unter Vermeidung der ansonsten notwendigen Tiefenbohrungen liegen die Schichtenfolgen des Bohlen geradezu blank zutage, darin enthalten sind unzählige Fossilien, von denen die meisten auf diese Weise überhaupt erst entdeckt worden sind. Durch diesen Aufschluß konnte mit höchster Genauigkeit eine Einordnung der in den urzeitlichen Meeren einzeln abgelagerten Sedimentbänke – die sich später zum Schiefergebirge auffalteten – in die geologische Zeitskala erfolgen, worauf weitere stratigraphische und paläontologische Arbeiten, insbesondere die Untersuchungen von Reinhard Richter [1848], das Verständnis der Sedimentations- und Entwicklungsgeschichte dieser Gesteinsfolgen wesentlich vertieften.[111] »Die Felswand des Bohlen kann man auf zwei getrennten Wegen erschließen. Vom westlichen Ufer der Saale über der Schokoladenfabrik oder von einem hochgelegenen Wiesenhang gegenüber Obernitz hat man den Felsaufschluss in seiner ganzen Breite vor sich.«[112]

»Einige Gesteinspartien wurden in vergangener Zeit für die Gewinnung von Werksteinen abgebaut. Insbesondere die rötlich gefärbten oberdevonischen Kalkknotenschiefer und Knotenkalke waren gesuchte Naturwerksteine.«[113] Schon der vom Ortspfarrer vor 1850 erschlossene, zum Rittergut gehörende **Obernitzer Plattenbruch** hatte starken Absatz. »Geschliffen und poliert gibt dieser Stein an Schönheit der Flammen dem Marmor nichts nach, wie dies die Altarplatten in den Kirchen zu Breternitz und Fischerdorf beweisen.«[114] Allein im Jahr der Schließung des Steinbruchs [1938] wurde 1.100 m³ Material insbesondere für Gehwegplatten und Sockelsteine abgebaut, wobei die hochwertigeren Partien im Marmorwerk Saalburg weiterverarbeitet und verkauft wurden. Am Nordwestende des Aufschlusses im ›Gottlobstollens‹ hat man – wir wir noch hören werden, vom Mittelalter bis ins 19. Jahrhundert, neben dem Alaun auch verschiedene Erze sowie Baryl gefördert.[115] »Die Bohlenwand ist außerdem als Kleinbiotop Standort für eine charakteristische und seltene Flora und Fauna mit kontinentalen und submediterranalpinen Elementen.«[116]

Im Jahre 1938 stellte man schon 21 ha als NSG unter Schutz. 2006 endlich erfolgte die Aufnahme der Bohlenwand in die Liste der 77 ausgezeichneten Nationalen Geotope.[117]

An dem nördlichen Steilhang des Bohlen wird eine Partie ›Stöckelstein‹, eine Felsspalte ebenda das ›**Schwarze Loch**‹ genannt. Hier an der südlichen Köditzer Flurgrenze führten in alten Tagen die ursprünglich alljährlichen Flurgänge der Saalfelder Bürger, die die Grenzen ihres Weichbildes abschritten, entlang. Den östlichsten Punkt der Saalfelder Stadtflur bildete nämlich der ›**Dreiherrenstein**‹, wo die Gemarkierungen von Fischersdorf und Kaulsdorf zusammentreffen. An dieser Stelle stand ehedem ein etwa 1 m hoher dreikantiger Grenzstein mit den Jahreszahlen 1664 und 1669, wo die Länder der Sächsischen Herzöge, des Kurfürsten von Sachsen und des Grafen von Schwarzburg-Rudolstadt hoheitlich aneinandergrenzten.[118]

Noch im Jahre 1510 existierten auf dem Roten Berg, wo die Hoheitsgebiete der Wettiner [Amt Saalfeld], der Grafen von Schwarzburg [Amt Leutenberg], der gefürsteten Abtei Saalfeld [Röblitz], der Grafen von Mansfeld [Kaulsdorf] und der Reichsfreiherren von Brandenstein auf Ranis [Exklave Kamsdorf] aufeinandertrafen, vier weitere solcher Dreiländerecken, so zwischen Kaulsdorf, Tauschwitz, Großkamsdorf, zwischen der Kaulsdorfer Exklave auf dem Roten Berg mit Tauschwitz und Kleinkamsdorf, zwischen derselben mit Kleinkamsdorf und Gorndorf sowie zwischen Kleinkamsdorf, Gorndorf, Röblitz und Unterwellenborn.

Über die südlich und westlich von Köditz ehedem bestandenen Bergbauunternehmungen auf Silber und Kupfer ist in einem anderen Kapitel die Rede. Festzuhalten bleibt einstweilen nur, daß die ältesten Zechen im Bereich des Diebskastens und Neidhammeler Gangs bereits im Jahre 1446 erstmals erwähnt sind und die silberhöffige Zeche ›Reiche St. Anna‹ westlich der Kaulsdorf-Tauschwitzer Flurgrenze um das Jahr 1550 den Ruf von Saalfeld als Bergbaustadt mitbegründet hat. Später entstand dort die bekannte Grube ›Pelikan‹ [1751-1860]. Im weiteren Bereich dieses Geländes gab es noch die Stollenanlagen ›Glückauf‹ [1685-1859], Lippold [1688-1834], Weißer Schwan [ab 1689], südöstlich davon jene Zeche am Schorfbühl sowie nordöstlich des ›Pelikan‹ die Zeche ›Ritter St. Georgen am Schwedischen Lager‹ [1729]. Ihre Überreste sind bis nach 1980 weitgehend verschwunden. Nur das Mundloch des Gottlobstollens an der Nordflanke des Vorderen Bohlen, wo man zwischen 1680 und 1835 Kupfer und Kobalt abgebaut hatte, ist noch erhalten.[119]

⌘ Auf unserem Weg Richtung Saalfeld, treffen wir etwa 1 km hinter der Hexensäule auf die **Viehtreibe**, einen alten, sich in mehreren Bögen den 50 m hohen westlichen Steilabfall des Roten Berges emporwindenden und dabei sogar über eine alte **Steinbrücke** führenden Weg nach der Schwedenschanze, der ein kurzes Stück der Asphaltstraße folgend bald nach rechts abbiegt. Über diesen gelangen wir zur Schwedenschanze.[120]

## Die Schwedenschanze

Etwa 1,2 km östlich von Köditz auf der nach Nordwesten abfallenden schiefen Ebene des Roten Berges im oberen Teil des Großen Bernhardsgrabens bzw. des Flurteils ›Pelikan‹ – also zwischen den beiden alten Wegen nach Fischersdorf und nach Kaulsdorf – wird eine  Anhöhe die ›Schwedenschanze‹ [330 m] genannt. Von hier bietet sich eine gute Aussicht auf Saalfeld und das Untere Weiratal. »Anders als die vielen thüringischen angeblichen Schwedenschanzen, die nachweislich aus urgeschichtlicher und hochmittelalterlicher Zeit stammen, ist die Saalfeld-Köditzer eine echte Schwedenschanze.«[121]

Sie markiert die Batteriestellungen der rund 38.000 Mann [104 Regimenter] starken schwedischen Armee unter ihrem Feldmarschall Johan Banēr, welche dem von der Saale bei Remschütz über Graba, Wöhlsdorf, Crösten und Beulwitz [später mehr nach den Wittmannsgereuther und Arnsgereuther Tälern zu] verschanzten Kaiserlichen Heer [rund 42.000 Mann] unter dem Befehl Erzherzog Leopold Wilhelms und Marschalls Octavio Piccolomini hauptsächlich vom 14. Mai bis 3. Juni 1640 gegenübergestanden hatte. Samt ihrem, aus Soldatenfrauen und -kindern, Handwerkern, Sudelköchen, Kommissmetzgern, Marketerinnen, Leibdienern, Stalljungen, Feuer- und Troßknechten, Dirnen, Kleinhausierern, Gauklern, Wahrsagern, Glücksspielern, Dieben und anderen zwielichtigen Mitläufern bestehenden Troß sollen die beiden Heere je etwa 140.000, nach Sagittarius sogar bis zu 200.000 Menschen gezählt haben. Es kam zwar zu keiner entscheidenden Schlacht, wohl aber zu  mehreren Treffen, die meist die Schweden für sich entscheiden konnten. Ein sehr hitziges Gefecht entwickelte sich am 12. und 13. Mai, ›wo die beiden Armeen dergestalt mit Stücken aufeinander gespielet, daß man es zu Weimar hat eigentlich hören können‹.[122] Dabei ist ein von Piccolomini in die Heide geschicktes starkes Aufklärungskorps in der Weyerau zwischen Altensaalfeld und Gorndorf von den Schweden nach heftigen Kämpfen, an denen sich noch andere Regimenter beteiligten, geschlagen und anschließend bis an die Saalebrücke gejagt worden. Unter vielen Scharmützeln näherten sich Banērs Truppen täglich mehr der Stadt und den Mühlen, worauf die Kaiserlichen in ihrer Not Altsaalfeld samt der Strenzel-, Walk- und den beiden Pulvermühlen in Brand steckten, ebenso die Schmelzhütte, das Dorf Köditz und die Kirche zu Remschütz, während die Kirche von Röblitz durch die Unachtsamkeit einer, darin Wäsche kochenden Soldatenfrau zugrundeging.

»Die Bewohner flüchteten in die für Unkundige nahezu unergründlichen Labyrinte, vor allem des Kamsdorf-Könitz-Goßwitzer Bergbaureviers, das damals recht unwegsame und geschlossen Waldstück des Breiten Holzes, die Wälder an den Steilhängen der Saale sowie den große Wald der Saalfeld-Rudolstädter Heide.«[123] Während die Schweden zur Versorgung ihrer großen Armee Siedlungen bis zu einer Entfernung von 35 km auszuplündern im Stande waren, konnten die Kaiserlichen wegen des dünn besiedelten westsaalischen Hinterlandes einzig über den schmalen Paßweg über Schmiedefeld und Eisfeld noch etwas Proviant von jenseits des Thüringer Waldes heranbringen. In Saalfeld selbst wütete eine Hungersnot. Die Einwohner wurden von den Soldaten entwaffnet, beraubt, gedemütigt und mißhandelt, ihre Wirtschaftsstruktur völlig aufgelöst und ihre Lebensgrundlage vernichtet, worauf vornehmlich in den Wochen nach der Belagerung 365 Menschen allein an ansteckenden Krankheiten starben.
Am schlimmsten wütete das um die Nikolaikirche einquartierte Tiefenbachsche Regiment, dessen Soldaten mancherlei Einbrüche verübten, indem sie durch die Wände, Ställe und Kellerlöcher in die benachbarten Bürgerhäuser eindrangen.
In der Stadtkirche, in der eine Menge kaiserlicher Offiziere beigesetzt lagen, hebelten Plünderer die Grüfte unter den Bodenplatten auf, daß es hinterher aussah, als hätten ›wilde Säue sie durchwühlt‹. Schwer muß den Einwohnern auch jene gewaltige Kanonade erschienen sein, als die Schweden aus ihren, auf dem Roten Berg postierten schweren Feldgeschüt-

zen über Wochen über 2.000 steinerne, eiserne, teils vorher glühend gemachte Geschosse auf die ca. 2 km entfernte Saalestadt niedergehen ließen. Daß Saalfeld dabei nicht in Flammen aufging, grenzte an ein Wunder. Zur Gewinnung von Bauholz für ihre Schanzen rissen die Schweden in den umliegenden Dörfer Dutzende von Häusern nieder [in Kleinkamsdorf etwa die Hälfte aller Gebäude] und brachten durch Zerstörung der Grubengebaue die Zechen auf lange Zeit zum Erliegen. Am 19. Mai führten die Kaiserlichen einen Nachtangriff gegen diese Batterien, doch aus Versehen beschossen sich ihre, in der Dunkelheit von mehreren Seiten vorgehenden Kommandos gegenseitig, worauf der darüber maßlos verärgerte Piccolomini den Toten die Beerdigung verweigerte und sie in die Saale werfen ließ. Die Situation der Kaiserlichen Armee wurde mit jedem Tag aussichtsloser, zumal sich die Schweden weigerten, dieser in offener Schlachtstellung gegenüberzutreten. Am 26. Mai entlud sich über den Saalfelder Höhen ein gewaltiges Gewitter, dessen Fluten sich das Arnsgereuther, Wittmannsgereuther und Beulwitzer Tal abwärts wälzten, das kaiserliche Lager ruinierten, Zelte, Proviant, sogar einige Geschütze mit wegschwemmten und viel Pulver verdarben, sodaß man am Siechengraben und am Arnsgereuther Bach ein wirres Durcheinander von Menschen- und Tierleibern der Saale zuschwimmen sah. Zwei Tage später, zu Fronleichnam, soll sogar **Blutregen** vom Himmel gefallen sein. Die kaiserliche Armee schien dem Untergang geweiht.

Da kam die rettende Nachricht, wonach Elisabeth Juliana Banēr, die Gemahlin des schwedischen Heerführers, in ihrem Zelt auf dem Roten Berg gestorben sei. Nach damaligem Aberglauben bedeutete ein solcher Tod schweres Unheil. Die Belagerung wurde unverzüglich abgebrochen und die beiden Armeen zogen unter beiderseitigem heftigen Geschützfeuer endlich ab. Als sich jedoch die Kaiserlichen auf das verlassene Lager stürzten, wurden sie von der im Hinterhalt liegenden schwedischen Nachhut überraschend angegriffen und blutig zurück über die Saale geworfen. Der vom Brand mehrerer, von den Soldaten bei ihrem Abzug noch in Brand gesteckter Gebäude gerötete Himmel beleuchtete das verwüstete Land gespenstisch. Noch 150 Jahre später – zu Schillers Zeiten – sollen Landleute in der Rudolstädter Gegend als Synonym für starkes Abendrot den Ausspruch getan haben: ›Die Schweden Kommen!‹[124] Vom Saalfelder Lager sind Reste mehrerer Karree- oder Geschützstellungen, sowie bis zu 2 m hohe Böschungen als **Wälle** zur Flankensicherung erhalten. »Vermutlich waren beim Schanzen urgeschichtliche **Grabhügel** miteinbezogen und überdeckt worden. Der Fund (um

*Auf dem Roten Berg*

1850) des hallstattzeitlichen großen Bronzeringkolliers dürfte einem der Hügel entstammen, die beim Einebnen derjenigen Wallabschnitte, die auf brauchbarem Ackerland lagen, endgültig beseitigt wurden.«[125]

Auf den ›**Zeltäckern**‹, etwa 1 km westlich der ehemaligen Königszeche, im nordwestlichen Zipfel der Kaulsdorfer Flur sollen die Schweden damals ihre Zelte aufgeschlagen haben. Eine Flur im Anschluß davon heißt die ›Ruhstatt‹. Der Acker aber, auf dem das Zelt des Feldmarschalls gestanden haben soll, wurde später ›**Banneracker**‹ genannt. Ein von den Zeltackern und der Ruhstatt auffallend weit entfernter, knapp 1,70 m hoher, oben halbrunder **Gedenkstein** ohne Inschrift am Südostende der Schlackenhalde der Maxhütte in Unterwellenborn soll noch 1944 jene Bettstatt markiert haben, wo Banērs Gemahlin einst den Tod gefunden hatte.[126]

Diese Flurstelle hieß früher ›Beim Kreuz‹. Der Lange Stein hat eine ansehnliche Länge, er mißt ca 1,68 m Höhe und ist ca. 40 cm breit und ebenso dick. Man sagt von diesem Stein, daß er an der Stelle stehe, wo Banērs Gemahlin den Tod gefunden habe. Da er aus Zechstein gehauen ist, ist er im Gegensatz zu anderen Steinkreuzen in seinem Äußeren sehr rissig und ungleichmäßig, oben halbrund.«[127]

## IV. Von der Schwedenschanze über die Wernburg und das Wutschental wieder zurück nach Kaulsdorf

*»Königszeche → Giebelstein und Wernburgkuppe → Vorzeitliche Gräberfelder bei Kleinkamsdorf → Drei Linden → Alter Heersteig → Kaulsdorf«*

⌘ Von der Schwedenschanze führt unser Weg weiter in südöstliche Richtung und erreicht nach 1,5 km am Rotheberg, den von der Bloßbergkuppe [Nase] zur Königszeche führenden Weg, den wir in nördliche Richtung folgen. Wir befinden uns hier im Bereich des ehemaligen Preußischen Hauses, dem zentralen Punkt des vormaligen Kaulsdorfer Reviers.

### *Das Preußische Haus auf der Königszeche*

Nachdem Preußen im Jahre 1792 in den Besitz von Kaulsdorf gekommen war, erfolgten im Kaulsdorfer Revier um den Fundschacht ›Churfürst‹ großzüge Aufschlußarbeiten, bei denen – wie an anderer näher ausgeführt – der spätere Südamerikaforscher Alexander von Humboldt als Bergbaubeamter eine große Rolle spielte. Er [ver]mutete eine hohe und lange Abbauwürdigkeit ›an Erz und Kobalt, Fahleisen und Kupferkies‹ und prognostizierte daß die ›Königszeche‹, wie sie bald darauf genannt wurde, ›zu einem der wichtigsten Berggebäude in Deutschland werden‹ würde, was am Ende freilich zu hoch gegriffen war. Dennoch entstand neben der heute noch vorhandenen Königszechenhalde als Sinnbild dieser staatlichen Förderung und Zentrum des Kaulsdorfer Reviers ein ansehnliches Huthaus, das ›Preußische Haus‹. Nach dem Ende des Bergbaus 1866 wurde das einzeln stehende, weithin sichtbare, hell getünchte Gebäude umgenutzt. Jahrzehntelang diente es als Ausflugsgaststätte. Kurz nach dem Ende des Zweiten Weltkrieges wurde das zuletzt von Richard Hoy betriebene Preußische Haus von einer Gruppe befreiter Zwangsarbeiter, die zuvor beim Bau der nahen, größtenteils unterirdischen Reimahg-Werke unter widrigen Umständen hatten schuften müssen, niedergebrannt. Zuvor hatte sich die Gruppe an den Beständen der Weinlagerkeller bei Fischersdorf bedient und wollte anschließend noch im Preußischen Haus ›einkehren‹, doch sollen sie von der Haustochter mit einer Jagdbüchse abgewehrt worden sein. Nach einer anderen Version habe ein im Hause versteckter deutscher Soldat einen französischen Kriegsgefangenen erschossen. Was genau passierte, weiß also niemand mehr zu berichten, jedenfalls ging das erhabene Gebäude schließlich in Flammen auf und wurde nicht wieder aufgebaut. Bei dem Brand mitvernichtet wurde auch das umfangreiche heimatgeschichtliche Privatarchiv des Saalfelder Rechtsanwalts Günther Schmidt, das dieser vor eventuellen Bombenangriffen auf Saalfeld hier hatte in Sicherheit bringen wollen. Dr. Schmidt war seinerzeit ein bekannter Heimatforscher, der besonders durch seine Veröffentlichungen zur Saalfelder Bergbaugeschichte bekannt geworden ist. Auch die anderen Zechenhäuser im Umfeld sind größtenteils verschwunden. Zu den erhaltengebliebenen zählt das kleine Zechenhaus zwischen der Königszechenhalde und dem Fundschacht. Es wurde um 1960 vergrößert und zu einem Wohnhaus ausgebaut.[128]

⌘ Von der Königszechenhalde am NW-Hang des Rotheberges geht es nun in östliche Richtung nach der Altsaalfeld mit Kamsdorf verbindenden Eisenstraße, der wir ostwärts kurz folgen, bis rechts ein Weg zu einer Erhebung, der Wernburg [449 m], abzweigt.

*Die Wernburg – Standort eines thüringischen Stonehenge?*
Die oberhalb von Kleinkamsdorf hinter der Flurgrenze schon auf Kaulsdorfer Flur gelegene Wernburg [mda.: ›Warmrich‹, auch ›Wärmerichkuppe‹] bildet die höchste Erhebung des Roten Berges und bietet einen einzigartigen Rundblick in das Saaletal und den Orlagau: »Weit schweift der Blick nach Norden und Osten über die Heide und in das Orlatal mit den gut sichtbaren Burgen von Könitz und Ranis, nach Süden über Kaulsdorf und Eichicht auf die Berge und Wälder des Frankenwaldes und nach Nordwesten über Saalfeld und das Saaletal Richtung Rudolstadt.«[129]

Wie eine, im Jahre 1554 ›Am Werrenberg‹ [etym.: Berg der Frau Werre → Frau Holle → Frau Þerchta?] erwähnte

Fundgrube mit der Bezeichnung ›**Die Tannen**‹ andeutet, kann an dieser Stelle ehedem ein Brandsignalplatz [kelt.: Teinen, Teine → brennen, Feuer] gewesen sein. Überhaupt deutet der Name ›Wernburg‹ auf einen Rückzugsort [idg.: bher → Schutz, Obdach] hin, der an einer Paßstraße [kelt.: Bern-ia] gelegen haben mag, soweit dabei berücksichtigt wird, daß in den älteren Urkunden der Region, nicht nur in Saalfeld, ein ›w‹ oft für ein ›Þ‹ steht. Nahe bei der Wernburg findet sich noch heute die Flurbezeichnung ›**Bergsattel**‹.[130]

Auf dem höchsten Gipfel des Wärmerich soll sich ehedem eine prähistorische Opferstätte befunden haben Schon der Maler Münnisch erwähnt 1844 dort eine hügelartige ›Erhöhung‹. Noch in den 1850er-Jahren sollen, wie Direktor Schmidt aus Lehesten 1901 dem Saalfelder Gymnasialprofessor Griesmann mitteilte, »auf einer Fläche von etwa 20 m Ø 20-30 einzelne Steinblöcke von je etwa 20 Zentner Gewicht gelegen haben, die eventuell dereinst einen Ring aufrechtstehender Steine bildeten.«[131]

»Aus Funden anderer Steingruppen ist bekannt, dass in die Mulden oben auf den Steinen Tierfett gefüllt wurde, welches mit Hilfe eines Dochtes angezündet wurde. So waren die Plätze zu Kultzeremonien beleuchtet.«[132] Während die Geländeerhebung mit der Wernburg sonst aus Zechstein besteht, waren diese Steine »aus fremden, hier nicht heimischen Silikatgestein, etwa aussehend wie unser Lamprophyr zwischen dem Oertelsbruche und Falkenstein im Tale vor dem Falkenstein. Es waren das keine erratischen Blöcke, sondern herzugeschleppt und zu irgendeinem Gebrauche in früherer Zeit, vielleicht als Opfersteine oder dergleichen religiösen Gebrauch. Jetzt sind die Steine sämtlich verschwunden, wohl zum Hausbau benutzt.«[133] Daß diese Steine ehedem ring- oder dolmenförmig [man denke hierbei an den Namen der Nachbarflur ›Giebelstein‹] angeordnet gewesen waren, ist nicht auszuschließen. Auch ist der Gedanke einer steinernen Kalenderanlage an diesem Ort nicht ganz von der Hand zu weisen. Sowohl der 300 m NW der Wernburg gelegene klippenartige Felsvorsprung ›**Wetzstein**‹ als auch die nördlich an diesen anrainenden ›**Fuchslöcher**‹ deuten, wenn man ihre Namen betrachtet, eine vorzeitliche Beobachtung der Himmelsekliptik mittels Wandelsteinen zur Sonnenjahresverlaufsmessung bzw. der Verfolgung von Gestirnsauf- bzw. untergangslinien etymologisch an. ›Wandelstein‹ kann mit der Zeit zu ›Wetzstein‹ verschliffen worden sein, ›Fuchs‹ auf ein altes Synonym für ›Visierlinie‹ zurückgehen, das sich etwa im Lateinischen als ›Fuga → Flucht-, Peillinie‹ bzw. ›Fugio → fliehen, entschwinden, vergehen‹ erhalten hat. Auf solchen, von den Vorvätern über das Land projizierten Himmelsbahnen haben – wie an Beispielen in ganz Europa ersichtlich ist – spätere Generationen dann ihre Hügelgräber und andere Anlagen errichtet. Noch die Germanen glaubten, daß die Seelen der Toten die Milchstraße entlang zögen. ›Iringsweg‹ wurde der Sternenpfad einst genannt, was wahrscheinlich mit dem alten Wort für ›Orion → Iring‹ zusammenhängt. Für die klassischen Keltengebiete der Antike erwähnt Holders ›Alt-celtischer Sprachschatz‹ [1891] mehrere zeitgenössische Ortsnamen, die ähnlich wie ›Fuchs‹ ausgesprochen worden sein müssen, so ›Fusci-acus, Fuscini-acus‹ usw. Die meisten ›Fuchs‹-Fluren Mitteldeutschlands bezeichnen nicht nur hochgelegene Visierpunkte, sondern auch ziemlich gerade Täler bzw. sich in Tälern hintereinander aufreihende Orte.[134]

*Der Giebelstein*

Etwa 300 m nordwestlich der Wärmerichkuppe liegt der Giebelstein [mda.: Gebelstän], ein gegen 5 m hoher aufgesetzter Hügel, welcher 1876 erstmals von dem Berg-Ingenieur Spengler aus Großkamsdorf, dann von dem bedeutenden Saalfelder Geologen Dr. Richter, ab 1903 von Hermann Meyer und danach noch mehrmals – so von Nehring, Zimmermann und Meyer – ergraben worden ist. Nach Zimmermann ist der Hügel »aus platter, zerfressener Rauchwacke aufgebaut und trug auf seinem, nur etwa 18×15 m großen Plateau eine verschieden (0-2 m) tief reichende Decke Schieferbröckchen einschließenden Lehms. In diesem und im, mit groben Blöcken durchsetzten Dolomitgrus, zum Teil auch in der dünnen Grasnarbe unmittelbar am Felsen, fanden sich Tierreste vorzugsweise Wirbeltierknochen, Kieferstücke, Geweihe und Zähne, in wechselnder Häufigkeit auch diluviale Schnecken, ferner nicht selten kleine Bröckel von Holzkohle und Spuren von Asche in äußerst unregelmäßiger Weise eingebettet, außerdem zahlreiche faust- bis kopfgroße Rauchwackenbrocken und -blöcke von teilweise eigenartig geröteter Farbe, wie sie durch Brand erzeugt wird. Zwei oder mehrere zusammengehörige Knochen wurden nur selten angetroffen, viele Knochen fanden sich nur im verletzten Zustande oder als Splitter vor, besonders die mittelgroßen Knochen, Wirbel waren auffällig selten, große Schädel fehlten überhaupt, merkwürdig häufig waren Fußwurzelknochen von Pferd und Rind sowie Felsenbeine, sonderbarer Weise nicht ganz, sondern in Stücken mit geglätteter Oberfläche. Viele Knochen zeigten sich ganz oder zum Teil (vom Rauch) bräunlich=schwarz bituminös gefärbt, viele sind zweifellos bearbeitet; Bruchstücke von Feuerstein wurden als Seltenheit betrachtet. Aus diesen Verhältnissen dürfte hervorgehen, daß auf dem Giebelstein ehedem von Menschen einzelne Tiere gebracht und am Feuer zubereitet worden sind, daß hier also eine diluviale Kult- und Opferstätte bestanden hat, wobei große und kleine Raub- und Nagetiere von den Abfällen angezogen worden sein mögen. Am SO=Fuße desselben kleinen Hügels ziehen sich zwei, zum Teil mit Lehm und Dolomitgrus wieder verfüllte **Höhlen** 2-3 m tief unter überhängenden Felsen hinein, die den Menschen als Unterschlupf gedient haben können.«[135] Auch werden Funde aus, im 19. Jahrhundert zerstörten Gräbern erwähnt. Resümierend sieht der Prähistoriker Rudolf Feustel ›bei den so genannten Fuchslöchern am Giebelstein über Kleinkamsdorf‹, nicht zwangsläufig einen Kultplatz, eher einen Proviant- und Rastplatz, ›an dem die Jagdbeute aufgeteilt und verzehrt wurde‹.[136] Neben den kunstgerecht von Menschenhand aufgeschlagenen Knochen von ausgestorbenen wie noch vorkommenden

Tieren wie Höhlenhyäne, Höhlenlöwe, Höhlenbär, Wollhaar-
nashorn, Mammut, Wildschwein, Dachs, Eichhörnchen, Auer-
ochse, Wiesent, Ur, Rentier, Riesenhirsch, Eisfuchs, Lemming,
Halsbandlemming, Stachelschwein, nordischer Wühlratte, Wildpferd, Adler und Auerhahn fanden sich Knochenwerkzeuge
wie Pfriemen, Felltrenner und Pfeilspitzen, Klingen und einige
andere Geräte aus Feuerstein, dabei solche von Moustiertyp,
also aus der mittleren Altsteinzeit, deren Alter man anfänglich
auf 80.000 Jahre schätzte.[137] Unter den gefundenen, teils
40.000 Jahre alten menschlichen Skelettresten »wurden festgestellt: zwei obere Schneidezähne und später ein eigenar-
tiger Schädel, den man als ›Pygmänenschädel‹ bezeichnete. ... Am Südabhang der aus Mittlerem Zechstein bestehenden Geländeerhebung finden sich vereinzelt Feuersteinsplitter.«[138] Auch kam unterhalb des Giebelsteins wiederholt Neolithisches zu Tage. So fand einmal der Heimatforscher Bernd
Wiefel mit einem Verwandten in den 50ern auf dem Feldweg
in Richtung Kaulsdorf-Tauschwitz am selben Tage zwei Stein-
beile aus dunkelgrünen bzw. grauen Amphibolit.[139]

*Vorzeitliche Gräberfelder bei Kleinkamsdorf*

Auf dem ›Roten Berg‹ nordöstlich der ›Fuchslöcher‹ auf
Kleinkamsdorfer Flur sind in jahrzehntelanger Raubgräberei,
der es nur darauf ankam, Metallfunde zu machen und diese
unter der Hand zu verkaufen, ganze Gräberfelder für die wis-
senschaftliche Forschung verloren gegangen. Der Vorgeschichtsforscher Alfred Auerbach erwähnt 1930 noch einige, in diesem
Kontext bekannte Gräber und Grabhügel: [1] Etwa 125 m hinter dem ›Neugeborenen Kindlein‹ zweigt vom Höhenweg nach
dem Giebelstein und der Königszeche, nach NW ein Feldweg
ab. In der Spitze zwischen beiden Wegen wurde ein Hügelgrab
der älteren Bronzezeit geöffnet. Es enthielt neben Scherben
eine große Urne, eine erhaltene, kleinere, zudem ausgekohlte
Knochenreste, einen 12,5 cm langen Bronzedolch mit leichtem
Mittelgrad und 2 Heftnieten, 2 Bronzenadeln sowie einen innen,
glatten Steinring von dreieckigem Querschnitt und einem In-

nen-Ø von 5,8 cm. [2] Bei der Zusammenlegung der Flur Kleinkamsdorf wurden nördlich der Fuchslöcher auf dem Felde Skelettgräber mit Steinpackungen – und mit Steinplatten abgedeckt – gefunden. Sie lieferten Bruchstücke einer gebuckelten Urne und kleine Eisengeräte sowie verschiedene andere Scherben mit Strich- und Punktverzierung. [3] Aus einem Grabe nordöstlich der Fuchslöcher liegen eine Bronzesäbelnadel, ein grünlicher Glasknopf mit gelblicher Spiralkante, ein unregelmäßiges dickes Glasstück sowie einige Scherben vor. Die weitere Umgebung des Grabes ergab eine Anzahl Feuersteingeräte. Auch im Umfeld des Giebelsteins selbst fand man wiederholt Neolithisches: [4] Westlich von Kleinkamsdorf auf der Höhe des Roten Berges unweit der Fuchslöcher kam ein mit Steinen umsetztes Grab der Glockenbecherleute zutage, welches außer Menschenknochen 5 durchbohrte Hundezähne, ein kleines Ringelchen aus Muschelschale, ein kleines flaches, dreieckiges geglättetes Quarzstückchen, ferner einige Glasstückchen, 3 Feuersteine, das Bruchstück einer kleinen Urne mit einer Art Schnürchenverzierung am Halse sowie auf beiden Seiten gerauhte Scherben ergab. [5] Zwischen diesem Grab und dem Ort Kleinkamsdorf ziemlich in der Mitte wurde ein Grab geöffnet, aus dem 2 Bronzenadeln mit je einer, in Teilen aufgenieteten Emailleperle, ein Specksteinwirtel und Scherben geborgen wurden, darunter ein Gefäßbruchstück mit sich durchkreuzenden Punktverzierungen zwischen eingedrückten Strichen am Oberteil. [6] Südlich von Kleinkamsdorf, von der Wegegabelung 150 Schritt südwärts traten Feuersteingeräte auf, ebenso nördlich des Ortes in der Dobortze. [7] Nicht weit davon am Nordwestabfall zum Weiratal kamen bei der Erweiterung der Schlackenhalde der Maxhütte 2009 zwei Gräber zum Vorschein, deren Alter nach der [14]-**C-Methode** auf die Zeitspanne zwischen 2.704 und 2.572 v. Chr. – die Ära der Schnurkeramik – bestimmt werden konnte. Eines – das ›Frauengrab‹ – barg die Fragmente von Knochen sowie eine Schmuckscheibe aus einer Muschelart, wie solche erst wieder im Mainzer Becken vorkommen. In dem anderen ruhte der

bekannte ›Röblitz-Ötzi‹, das Skelett eines, in rechter Hocker-
lage beigesetzten Mannes, dem ein Steinbeil, eine Klinge aus
Quarzit sowie ein großes, an einem Knochen hängendes Stück
Fleisch – wohl  als Wegzehrung – beigegeben waren. Auf der
Sohle der Grabgrube, den Beigaben und dem  Skelett haftete
eine dicke Schicht Kalksinter. Die beiden scheinbar zusam-
mengehörenden, nur 4,4 m entfernten Beisetzungen dürften
von ursprünglich einem gemeinsamen Grabhügel überdeckt
gewesen sein, der im Laufe der Zeit überpflügt und eingeebnet wurde. Daß die beiden Grablegen selbst, das Schicksal
so vieler weiterer in ihrem Umfeld nicht zu teilen brauchten,
liegt in dem Umstand, daß sie 40 cm unter der reszenten
Oberfläche muldenförmig in den harten Zechstein eingetieft
worden waren. [8] Ungefähr 400-450 m östlich von Ort stieß
der Kleinkamsdorfer Raubgräber Arnold im Jahre 1904 nur 25
cm unter der Oberfläche auf ein ca. 3 m breites und 4 m lan-
ges Grab. Darin lagen auf Steinplatten, kreuzweise übereinan-
der zwei Skelette mit nach Osten gerichteten Gesichtern. Auch
Urnen sollen dort gefunden worden sein, desgleichen eine
Muschel mit eingestochenem Kreuz, umgeben von einem
Kranz. [9] Aus einem geplünderten, eisenzeitlichen Grab südlich
von Kleinkamsdorf konnten schließlich noch ein Klopfstein,
Eisenreste, 2 Tonfüße und einige Feuersteinchen geborgen
werden. [10] Nichtzuletzt soll der Haugshügel [mhd.: Houk →
Hügel, auch Grabhügel] direkt östlich des Dorfes, wie Dr.
Adler in einem Jahresbericht des Hohenleubener Altertumsforschenden Vereins berichtet, ein Grabhügel gewesen sein.
[11] Aus etymologischer Perspektive deutet auch der Name des
nahen ›Hann- oder Hainhügels‹ als ›Hügel mit einem umge-
hegten Sonderbereich‹ vorgeschichtliche Hintergründe an.

Sowohl vom **Haugwitzhügel** als auch von der **Dobortze**
berichtet die Sage von einem, ehedem dort erscheinen gespenstischen Hasen, welches die Dorfüberlieferung von Kleinkamsdorf dann mit verschiedenen Gespenster- und Hexenge-
schichten verfestigte. Nach anderer Ansicht spiegeln sich in
Überlieferungen von gespenstischen Hasen oder in Flurnamen

mit ›Has‹ Hinweise auf vorgeschichtliche Sakralkultur vor Ort wider, da wir es hier mit einer indogermanischen Wortwurzel zu tun haben, die später im Alt-Lateinischen zu ›Asa → Altar‹, im Althochdeutschen zu ›Asca → heiß, Feuer, Asche‹ wurde, und mit der man Brandopfer- bzw. Leichenverbrennungsplätze kennzeichnete. Die Keltologin Inge Resch-Rauter schreibt darüber: »Die Verwandlung der uralten Silbe ›As‹ zu ›Has‹ im Zusammenhang mit Feuer und Brand kann einfach nachgewiesen werden: Der mittlere Pfosten des Kohlenmeilers, um welchen herum man das Holz aufschichtet, wird bis heute von den Bauern noch als ›Has‹ bezeichnet. Sofern es sich bei den überaus häufigen Flurnamen, welche mit Has-, Hasen- oder Hasel- kombiniert sind, nicht um jüngere Wortbildungen handelt [anstatt des älteren As/Asa/Asca], könnten sie auch vom mittelhochdeutschen ›Haselung‹ abstammen mit der Grundsilbe ›Hasc‹. Sie weisen in diesem Fall auf den Rechts- und Opferplatz hin.«[140]

Eine **steinzeitliche Siedlung** wird zudem westlich der Fuchslöcher nach dem ›Preußischen Hause‹ zu vermutet, wo immer wieder bearbeitete Feuersteine oder Feuersteinsplitter bis hin zu schön gearbeiteten Pfeilspitzen gefunden wurden. Dieser Fundbogen von Feuersteingeräten setzt sich, wie wir bereits hörten, auch südlich der Königszeche bis zum oberen Ende der Fischersdorfer Flur links vom Wege nach Obernitz fort.[141] Eine weitere **Wüstung** – allerdings aus der Slawenzeit – soll sich nördlich der Linie zwischen den beiden Kamsdorf im Flurteil ›Dorfsättel‹ befunden haben. Etwas weiter nördlich läßt sich die inzwischen nicht mehr genau lokalisierbare Wüstung ›Unbitz‹ oder ›Untitz‹ verorten.[142]

⌘ Zwischen der Wernburgkuppe und dem, südlich davon sich anschließenden Kienholz führt der oben erwähnte, über die ›Nase‹ kommende Weg in östliche Richtung.

Am **Kienholz**, und zwar zwischen Rotem Berg und Last, kam es im Oktober 1806, im Vorfeld des Gefechts bei Wöhlsdorf, zu einem Treffen zwischen französischen und preußischen Aufklärern, bei dem 15 preußische Husaren niedergehauen worden sein sollen. Ein Flurstück auf dem Last hieß darum das ›**Schlachtfeld**‹.

⌘ Auf diesem, im östlichen Bogen um das Kienholz herumführenden Weg erreichen wir bei dem Aussichtspunkt ›**Drei Linden**‹ an der Flurgrenze zu Kamsdorf den Alten Heeressteig. Es ist die alte Ortsverbindung zwischen Kamsdorf und Kaulsdorf. Ihr unterer, nach Kaulsdorf führender Teil wird ›**Lastweg**‹ genannt.[143] Über diesen südwärts führenden Weg gelangen wir über den Flurteil ›**Last**‹ [einem Namen, in dem sich besondere Besitzverhältnisse spiegeln] zum Ausgangspunkt unserer Wanderung nach Kaulsdorf zurück.

# Das Bergbau=Revier

*»Bei Kamsdorf an dem Orlagrund, da wachsen Erze braun und bunt, die Bergmannsfleiß und Bergmannskraft mit Müh' und Fleiß zu Tage schafft.«*[144]

Das geschichtsträchtigste und bedeutendste Bergbaugebiet Ostthüringens umfaßt ein ca. 60 km² großes Areal zwischen Beulwitz im Nordwesten und Könitz im Osten mit dem Roten Berg als Kulminationspunkt wie historisches Zentrum. Mehrere Dutzend Gänge wurden hier in über 100 Schächten abgebaut. Die Grundlage dafür bilden, im Zeitalter des Oberen Perm [vor etwa 270 Mio. Jahren] in einem küstennahen Flachmeer abgelagerte harte Kalke und Dolomite, deren Schichtenfolgen aufgrund ihres Erzreichtums den Namen ›Zechstein‹ erhielten. In »der Jura- und Kreidezeit – vor etwa 100 bis 60 Mio. Jahren – wurde diese Schichtenfolge während der sogenannten ›saxonischen Gebirgsbildung‹ durch Störungen zerbrochen und gegeneinander versetzt.«[145] Aufgrund starkem Überlagerungsdrucks durch Sedimente der Trias wurden hochkonzentrierte Stein- und Kalisalzlaugen aus dem Thüringer Becken abgepreßt und konnten bei niedriger Temperatur entlang der zahlreichen herzynisch [also von Nordwest nach Südost] streichenden Verwerfungsspalten bis hierher zudringen. Durch Ausfällung sind dann die Gänge mit ihren Schwerspat- und den anderen Mineralfüllungen entstanden.[146]

»Beiderseits solcher Störungen verdrängten Magnesium und Eisen die Calciumionen des Kalksteins. Dieser als Metasomatose bezeichneter Vorgang hat im Zechsteinkalk flözförmige Lager von Spateisenstein/Siderit ($FeCO_2$) bzw. Ankerit (Ca, Mg, $FeCO_3$) geschaffen. Auf den Störungen selbst wurden Buntmetallerze, vor allem Kupferkies ($CuFeS_2$) sowie Schwerspat ($BaSO_4$) abgeschieden.«[147] Neben mehr oder minder silberhaltigen Kupfererzen kamen auf dem Roten Berg seltener Kobalt- und Nickelerze sowie spärlich Blei- und Wismuterze auf den Gängen und manchmal auch daneben vor.

»Man hat gegen 40 verschiedene Mineralien aufgefunden, von denen noch genannt seien: Spateisen, Schwerspat, Bitterspat, Kalkspat, silberarmes und silberreiches Arsen- und Antimonfahlerz, Speiskobalt, Rotnickelkies, Chloanthit, Malachit, Kupferlasur, Rotkupfererz, gediegen Kupfer, Ziegelerz, Erdkobalt, Kobaltblüte, gediegen Arsen, Psilomelan, anthrazitischer Asphalt, Aragonit.«[148] Schon jener kleine, ältere, heute verschüttete, dem Schwerspat folgende Gang am Ostfuß des ›Gössitzfelsens‹ ist als Wurzel jener nördlich verlaufenden Gangzüge anzusehen, die nach oben zum Zechstein hin erzreicher werden. In seiner Schrift ›Erzlagerstätten der Umgebung von Kamsdorf‹ unterscheidet Franz Beyschlag 1888 im Wesentlichen sechs, das Gebiet östlich der Saale bis Könitz tangierende Gangzüge und zählt deren bedeutendsten Gruben von südwestlicher in nordöstlicher Richtung auf: Das Gebiet des Roten Berges im engeren Sinne nehmen die ersten beiden und zum großen Teil der dritte Gangzug ein: [1]. Durch die steile Nordflanke des Vorderen Bohlens setzt die auf Köditzer- bzw. Obernitzer Flur befindliche ›Hofer- oder Neidhammeler Ganggruppe‹ mit den Gängen ›Hoffnung Gottes‹, ›Segen Gottes‹, ›Glück auf‹ u.a. [2] Als zweites folgen meist auf Kaulsdorfer Flur die Ganggruppe um ›Königszeche‹, ›Pelican‹, ›Heintz‹ u.a.[149]

[3] »Bedeutender ist die dritte auch noch zum Roten Berg zu rechnende Gruppe, deren Hauptrichtung durch den ›Silberkammer-Silberblüthe-Fortunaer Gangzug‹ bezeichnet wird. Zu

ihr rechnen wir außer den Gängen und Trümmern ›Adler‹, ›Adelheid‹, ›Wilhelmine‹, ›Perlberg‹, ›Silberkammer‹, ›Ursula‹, ›Johannes‹, ›Wilhelmsmuth‹, ›Neugeboren Kindlein‹ und ›Fortuna‹, auch den öfters als selbstständig betrachteten ›Zothener Gangzug‹«[150] auf Gorndorfer und Röblitzer Flur im Bereich der heutigen Schlackenhalde der Maxhütte mit den Gängen ›Augusta‹, ›Glück auf‹, ›Marianna‹, ›Gerhard‹ und ›Unverhoffte Freude‹. [4] »Die nächste Gruppe schließt sich an den ›Ritter-Margarethen-Gangzug‹ an. Zu ihr zählen wir alle die Gänge und Trümmer, welche südlich der Straße Großkamsdorf-Zollhaus-Bucha liegen, so den ›Werner-Dreieinigkeitsgang‹, den ›Gott hilft-gewiss-Brüdereinigkeit-Gang‹, den ›Steinbruchsglück-Juliane-Johannes-‹ und ›Ehre Gottes-Gang‹ etc. [5] Von allen bisher bekanntgewordenen am bedeutendsten ist diejenige Ganggruppe, welche sich an den ›Kronprinz-Himmelfahrt-Vorsorge Gottes-Gang‹ anschließt. Derselbe ist von Klein-Kamsdorf unter dem Dorfe Groß-Kamsdorf hindurch längs der Könitzer Straße über die Schächte ›Eiserner Johannes‹, ›Himmelfahrt‹, ›Vorsorge‹ etc. verfolgt. Vom Hauptgange zweigen ins Liegende ab: der ›Gesellschaftsgang‹, der ›Storzenzeche-Glücksbude-Gang‹, der ›Prinz Maximilian-‹, ›Kleiner Johannes-‹ und ›Ueberlegszechener Gang‹ u.a.m. [6] Die nördlichste Ganggruppe wird bezeichnet durch einen unbenannten Gangzug. Seine Richtung und Lage wird bezeichnet durch die Schächte ›Fromm‹, ›Maffei‹, ›Pfeffer‹ und ›Herzog Georg‹ (auf Groß-Kamsdorfer und Oberwellenborner Flur).«[151]

### Vorgeschichtliche Erzgewinnung

Die ältesten Metallgegenstände in unserer Region sind 4.500 Jahre alt. Sie stammen aus Gräbern der Glockenbecherkultur. Unklar bleibt, inwieweit die höchstwahrscheinlich zur selben Zeit wie die Schnurbandkeramiker in Südostthüringen verbreiteten Glockenbecherleute schon selber in der Lage waren, diese Gegenstände herzustellen oder ob sie bereits über Kontakte mit der ihnen nachfolgenden Aunjetitzer Kultur verfügten, der Bergbau und Verhüttung bekannt waren. Vor Jahren kam aus dem Abraum des Zechsteinriffes, Öpitzer Felsenberg, ein dreieckiger Kupferdolch ans Licht, der in Verbindung mit einer dort einst zutage getretenen Kupferschieferader gebracht wurde. Ein kleines Kupferbeil stammt von der Gunzenburg, einer Wallanlage bei Wilhelmsdorf.[152] »Überall wo Kupfererzgänge die felsige Zechsteinkante durchsetzten, waren sie sowohl durch Erosion am Steilhang entblößt als auch durch auffällig blaue und grüne Färbung der gebildeten Sekundärminerale, besonders Azurit, Malachit, für kundige Augen zu erkennen. Die ehemals viel stärker als heute landschaftsbestimmende Zechsteinstirn ist aber von den alten Fernwegen, die das Gebiet von Süden und Südosten erreichen, bequem einzusehen«[153] gewesen, besonders dort, wo Kupfer-Erzgänge großer Sprunghöhen zusammen mit starken Reliefänderungen charakteristisch sind. »Diese Bedingungen treffen für Talhänge südlich von Kamsdorf und westlich von Goßwitz, aber auch für Teile des Neidhammeler Ganges [bei Köditz] zu. Die Sprunghöhe als vertikales Maß der Verwerfung bestimmt im hiesigen Revier insofern die Reichhaltigkeit der Spaltenfüllung – also des Erzganges – weil hier der selbst kaum erzhaltige Kupferschiefer bei der Erzentstehung als Kupfermineralfänger wirkte.«[154] – »Älteste Funde im Revier bestätigen die Verknüpfung geologischer, topographischer und archäologischer Fakten. Unweit des Neidhammeler Ganges lagen Relikte der Schnurkeramik und Glockenbecherkultur nahe der Böhmischen Straße. Hier lagen Grabmale der Hügelgräberbronzezeit mit reichen Beigaben. Im SO-Rand des Reviers lag das neolithische Kupferflachbeil von Wilhelmsdorf, auch diese Flur ist vom Abstieg der Böhmischen Straße einzusehen.«[155]

Da die Glockenbecherleute noch keine Schmelzöfen kannten, dürften sie ihre Lagerfeuer bevorzugt an solchen Stellen angelegt haben, wo Kupferschiefer an die Oberfläche trat. Durch die Hitze mag mit der Zeit Kupfer ausgeschmolzen sein. Nach dem Erlöschen des Feuers könnten in der Asche gefundene Metallstückchen zur Herstellung erster Kupfergegenstände gedient haben. Ehe sich das Kupfer überall als unvermischtes Gebrauchsmetall durchsetzt, ist es zugunsten der Bronze schon wieder überwunden. Wollen wir für den Saalfelder Raum von einer Kupferzeit sprechen, müßten mehr Fundstücke aus dem Metall vorzuweisen sein.[156] Auf dem Gleitsch bei Obernitz belegen Kupferschlackenfunde zwischen den untersten Steinen des Gipfelwallrests sowie Eisenschlacken und hallstatt-, vorallem aber laténezeitliche Keramik in den Steinschichten darüber vorgeschichtliche Metallgewinnung. Vermutlich stammen die Kupferschlacken der Wallbasis aus der ersten Besiedlung des Gleitsch in der Urnenfelderzeit.«[157] Das Merkwürdige dabei ist, »daß – aufgrund der besonderen Zusammensetzung eines Teiles der in einzelnen Erzgängen mit Zinn vergesellschaftet vorkommenden Kupfererze (insbesondere der Fahlerze mit ihrem Silber-, Arsen- und Antimongehalt im östlichen Teil des ehemaligen Bergbaufeldes), die in keinem anderen Kupfererzvorkommen Europas auftritt – hier eines der Zentren vermutet werden kann, in denen der Übergang zum Werkstoff Bronze begann.«[158] Aufgrund der Vernichtung der Belegstücke bei der Zerstörung des Pößnecker Stadtmuseums durch einen Bombenangriff am 8. April 1945 [zusammen mit dem Kreismuseum von Schleiz am gleichen Tage] ist dies nicht mehr beweisbar. Immerhin kann konstatiert werden, daß man in der älteren Bronzezeit in unserer Region, um die Legierung härter als Kupfer zu machen, auf Begleitmetalle im Erz wie Arsen, Antimon, Nickel, Silber und Kobalt angewiesen war, bevor in der mittleren Bronzezeit mit importiertem Granit-Zinn zugeschmolzen wurde, welches aus den westerzgebirgischen Bächen ausgewaschen wurde, die – wie der Forscher Dominik Görlitz unlängst postulierte – über ein weitverzweigtes Handelsnetz sogar bis in den Nahen Osten gelangt sind.[159] Für die mittlere Bronzezeit beleghaft ist der Fund eines 3.000 Jahre alten Verwahrschatzes eines Gießers im Röblitzer Flurteil ›Hasenjagd‹ vor der Heide, den die Gebrüder Kühn im Mai 1934 ans Licht brachten, als sie ihr Feld mit einem neuen Pflug tiefer als gewöhnlich beackerten. Der Hort barg 6 Bronzesicheln [5 davon mit Gußnähten, also unbenutzt], ein Barrenbruchstück [Gußkuchen] sowie ein stark benutztes Randleistenbeil, dessen Analyse auf die Verwendung von einheimischem Rohkupfer bei der Herstellung schließen ließ. Zudem waren Sicheln und Beil zusätzlich mit Zinn und Blei legiert.[160]

Der mit der Erforschung der vorgeschichtlichen Metallurgie auf dem Roten Berg viel befaßte Montanhistoriker Klaus Waniczek hat in seine Betrachtungen sogar Sagen von versunkenen Braupfannen miteinbezogen, die mit Schätzen gefüllt in der Erde ruhen und von ehrgeizigen Schätzebeschwörern – in den meisten Fällen jedoch erfolglos – gehoben werden.

Das Verbreitungsgebiet dieser Legenden deckt sich in weiten Teilen mit alten Erzrevieren, insbesondere zwischen Saalfeld und Kamsdorf sowie an der Oberen Orla ab. Vielleicht gab für das Aufkommen solcher Sagen auch das Auffinden vorgeschichtlicher Brennöfen Veranlassung, die bekanntlich aus Lehm bestanden, ca. 1 Meter hoch und rund waren. So weiß die Legende, daß eine solche Braupfanne einmal falsch gehoben worden sei, worauf man statt Gold nur noch Kohlen und Scherben gefunden habe. Kupferschlacke mit Grünspan oder alte Bronzeartefakte, die beim Abreiben wie Gold glänzten, mögen solche Schatzsagen mit beflügelt haben. Nach ihrer Aufgabe waren solche Brennöfen noch lange zu sehen, und mancher Standort einer versunkenen bzw. von Schatzgräbern gehobenen Braupfanne wird von der Überlieferung als kreisrunde Vertiefung im Boden beschrieben.[161]

Der Beginn des Eisenerzabbaus erfolgte zunächst über die Nutzung von Raseneisenerz. Wohl weil sie Eisen für ›astrale Netzwerke‹ für ›störend‹ erachteten, haben die Urnenfelderleute um 1.000 vor Christi Gräber von Personen, die sie für Wiedergänger hielten, mit Raseneisenerzbrocken bedeckt. Keine 200 Jahre später bildete dieser Rohstoff den Grundstock für die beginnende Eisenerzverhüttung der Hallstattzeit. »Raseneisenerzbildung ist nördlich der Mittelgebirge charakteristisch, im Bergland jedoch in Mulden geringen Gefälles mit eisenhaltigen neben kalkigem Grund nicht ausgeschlossen. Die Ausbeutung kleiner Erznester konnte aber den lokalen Eisenbedarf über mehrere Generationen decken.«[162] Man mußte also nicht zwangsläufig in den Berg einschlagen. Alte Schlackehalden von, in Rennfeuern mit natürlichem Luftzug geschmolzenen Erzen finden sich selbst im Oberland. Bei der Frage – aus welchen Quellen die Kelten Westdeutschlands und Oberfrankens ihren erheblichen Bedarf an Kupfer gedeckt haben – hat schon die ältere Forschung die reichen Bodenschätze des südlichen Gebirgssaumes Thüringens miteinbezogen.[163]

Beim Vergleich der Häufigkeit urgeschichtlicher Funde mit Erzgängen der geologischen Karte, konnte gerade bei Saalfeld und Kamsdorf die größte metallzeitliche Funddichte erkannt werden. Die Verteilung weiterer Funde an bestimmten Linien, gleich Perlen an einer Schnur, lassen an alte Verkehrswege denken, die von der Orlasenke auf die Höhen und zu den Furten der Oberen Saale zustrebten.

Dabei führte auch ein Steig von Inner-Thüringen nach dem Saalfelder Kessel, wo er sich nach Osten, nach Südosten ins Hofer Becken und nach Süden ins Kronacher bzw. Coburger Land verzweigte. Besonders die mittlere Wegvariante ist im Lobensteiner Oberland durch eine regelrechte Fundkette markiert, worauf die Theorie aufgestellt worden ist, daß es – zumindest während der Hallstattzeit – Bronzeschmelzer aus dem Hofer Raum gewesen sein müssen, die – da in ihrem Umfeld die Rohstoffe fehlten – sich hierzu nach dem Roten Berg wandten. Die Erzgewinnung während der beiden Metallzeiten war selbst nach spätmittelalterlichen Maßstäben alles andere als effektiv, so daß Schlackenmaterial von vorzeitlichen Halden später immer wieder mit gutem Gewinn ausgeschmolzen werden konnte. Somit bleibt am Ende zu konstatieren, daß die bronze- und eisenzeitliche Erzgewinnung auf dem Roten Berg nur 1% der mittelalterlichen oder weniger betragen haben dürfte, obwohl zumindest während der Bronzezeit ausreichend Erze aus der oberen, sprich der Oxydationszone der Gänge angestanden haben dürfte.[164]

»In einer Lobpreisung auf den Erzbischof Anno [II.] von Köln [†1075] ... wird von einem Bergmann erzählt, welcher von Köln an die Grenze der Thüringer und Slawen gezogen sei, um dort Bergbau zu treiben. Derselbe sei, schwer erkrankt, durch Anrufung des Anno geheilt worden. Wenn auch auf diese sagenhafte Geschichte ansich wenig zu geben ist, so zeigt sie doch, wie die Überlieferung auf einen sehr frühen Betrieb des Bergbaus in unserer Gegend hindeutet.«[165] Die reichsten und ältesten Saalfelder Silbergruben lagen westlich der Altstadt am ›Wachsert‹. Hier ermöglichte es die ›Saalfelder Scholle‹, ein Erdverbruch, Erdformationen an der Erdoberfläche zu eruieren, die sich normalerweise einige 100 Meter unter der Erdoberfläche finden. »Bis 1889 vertrauten immer wieder einzelne Bergleute den sagenhaften Ausbeuten diesen Teils des Haus-Sachsener Gangzuges, wohl in dem Glauben an die mündliche Tradition, die bis zu den in Saalfeld geprägten Rixapfennigen[166] des 11. Jahrhunderts und den Prägungen der Brakteaten unter Kaiser Friedrich Barbarossa zurückgehen mochte. In ›erhöffiger Teufe‹ wurden jedoch meist ausgehauene Weitungen, Baue des ›Alten Mannes‹ angetroffen, die kein Bergbericht je erwähnt hatte.«[167] »Die Ausweitung alter Silberbaue westlich Saalfelds auf Kupfererze östlich davon läßt sich befriedigend erklären. Die Meißnische Chronik des Albinus enthält den (ohne Quelle) nicht prüfbaren Vermerk, der Bergbau um Saalfeld gehe seit 1295, um Könitz seit 1306 um.«[168] Ein Bergmeister [Magister montium] in Saalfeld ist im Jahre 1267 erwähnt. Die erste Beurkundung einer Grube im Saalfelder Revier auf dem Roten Berg ist die – nach einer Auflassung 1446 erneut in Betrieb genommene – Zeche ›Diebskasten‹, deren Stolleneingänge am Fuße des Bohlen am Beginn des nach Westen abfallenden Herrengrabens lagen. Daß ausgerechnet sie zuerst Erwähnung findet, hat sicher damit zutun, daß ihre, an der damals noch unbewaldeten Zechsteinstirn am westlichen Revierrand frei ausstreichenden Erzgänge mit ihren leuchtend grünen und blauen Oxiderzen vom Abstieg der nahen, zum Saalfelder Kessel hinabsteigenden Fernstraßen gut einzusehen waren.[169] Als weitere frühe Nennungen erscheinen im Revier Kaulsdorf die Bergwerke im Güldenen Grund zwischen Gorndorf und Kaulsdorf [1480] sowie südwestlich davon die Grube ›Reiche St. Anna‹ [1512] anstelle des späteren ›Pelican‹, die sich zu Schwerpunkten des Bergbaus auf dem Roten Berg entwickeln sollten. Dessen Bedeutungsgewinn belegt nichtzuletzt die Auswahl explizit der Heiligen Barbara als Schutzpatronin der Bergleute für den Kaulsdorfer Altarschrein [um 1500] sowie der Bau einer Schmelzhütte an der Lache bei Saalfeld [1524]. Im Jahre 1521 wird im ›Güldenen Grund‹ eine alte Zeche gleichen Namens erwähnt. 1527 hören wir erstmals von Bergwerken im oberen Birktal bei Obernitz. Hier wie da ging es um den Abbau silberhaltiger Kupfererze, wobei gerade das Silber bis ins 18. Jahrhundert Hauptziel des Abbaus blieb.

Im Jahre 1529 werden die Bergwerke im ›Göllen Gründ‹ [mda.] und am Bloß [unterhalb des Rotheberges] neu verliehen. Nach 1537 erfolgt intensiver Abbau mit guter Ausbeute, doch bereits 1585 setzt der Niedergang ein. Auch der Betrieb des Diebskastens währt zunächst nur bis 1545. Ansonsten ist über den spätmittelalterlichen Bergbau nur wenig bekannt. Erst seit der Begründung des Bergamts Saalfeld [1513-1943] sind Betriebsberichte und Gewinnmeldungen aktenkundig.[170]

»Nachdem 1540 bei der ›Zothen-Fundgrube‹ auf dem Roten Berg oberhalb von Röblitz reiche Kupfererze mit erheblichem Silbergehalt aufgefunden wurden, setzte in der Saalfelder Region ein Berggeschrei ein, d.h. es kamen viele Bergleute aus anderen Bergrevieren hierher, um an dem wirtschaftlichen Aufschwung des Gebietes teilzuhaben.«[171] Auch Funde in der Gorndorfer Flur, wo im weiteren Verlauf des Jahrhunderts die größten Silbermengen im Saalfeld-Könitzer Revier gefördert wurden, sowie neue Erzanbrüche in der vorerwähnten Fundgrube ›Reiche St. Anna‹ [bis 1566] sollten den neuen Ruf Saalfelds als Bergbaustadt in den 1540er-Jahren maßgeblich mitbestimmen. In diesem Zusammenhang erfolgten auch in den Fluren anderer Dörfer am und auf dem Roten Berg umfangreiche bergbauliche Aktivitäten. So wird 1546 im Kaulsdorfer Teil des Wutschentals eine Fundgrube ›Putschau‹ erwähnt. Bereits 1541 war in der unmittelbaren Nähe der Ortslage von Kleinkamsdorf am Linkborn – unter fürstlicher Beteiligung – mit dem Vortrieb eines Stollens begonnen worden, der bis zum Jahre 1619 reiche Ausbeute bringen sollten. Zudem wurde auf dem Ziegenberg 1549 die Grube ›Grüne Eiche‹ eröffnet, die bis 1568 mit gutem Gewinn arbeitete. Im selben Jahre wird auch die Grube ›Neugeborenes Kindlein‹, im Volksmund ›uff´m Kinnel‹, über Kleinkamsdorf an der Eisenstraße erstmals erwähnt sowie 1553 und 1554 auf Kaulsdorfer Flur am ›Werrenberg‹ die beiden Fundgruben ›Schnepfentrenk‹ bzw. ›Die Tannen‹. Auch wurde ab 1555 der erst 5 Jahre zuvor aufgelassene ›Brennerstollen‹ bei Kleinkamsdorf wieder befahren. Dem folgten später noch Schächte wie ›Gnade Gottes‹ im Obernitzer Birktal [1581-1587] und ›Magdeburger Jungfrau‹ oberhalb des ›Erzstollens‹ zwischen Kleinkamsdorf und Röblitz [vor 1590-1619].[172]

Über die Entdeckung der Erzfunde ›Auf dem Kinnel‹ berichtet die **Sage**, daß eines Tages ein Bauer dort gerade sein Feld bestellte, als er am Feldrain eine fremde Frau fand, die in den Wehen lag. Da sonst weit und breit keine Hilfe zu erwarten war, half ihr der Mann so gut er konnte und brachte das Kind auch glücklich mit zur Welt. Die Mutter allerdings überlebte die schwere Prozedur nicht. Kurz bevor sie starb, bat sie den Bauern darum, das Kind doch mit nach Hause zu nehmen und es groß ziehen zu lassen. Großen Lohn sollte er dereinst an dieser Stelle dafür erhalten. Und tatsächlich: Als einige Jahre später die ganze Familie zusammen mit ihrem inzwischen herangewachsenen ›Sohn‹ an dieser Stelle eine Pause von ihrer Arbeit einlegte, sahen sie plötzlich etwas im Boden schimmern und fanden eine große Silberstufe. Daraufhin wurde der Bauer zum Bergmann und eröffnete an dieser Stelle ein Bergwerk, das er ›Zum Neugeborenen Kindlein‹ nannte, und die ihm reiche Ausbeute gebracht haben soll.[173]

Eine in Vergessenheit geratene Sage findet sich auch im Namen der Zeche ›Blaues Lichtloch‹ auf dem Rotheberg ca 40 m nordwestlich des späteren Preußischen Hauses verschüttet, wonach von diesem Schacht einmal ein ungewöhnlicher, blaustrahlender Lichtschein ausgegangen sein mag und die Bergleute erst durch einen solchen, auf die Erzfündigkeit an dieser Stelle aufmerksam wurden. Sagenhafte grelle Lichterscheinungen am Himmel über reichen Uran-Vorkommen sind etwa aus der Ronneburger Gegend überliefert. Und Schatzsuchern früherer Tage war bekannt, daß sich vergrabene Schätze oder Braupfannen mit Gold an bestimmten Tagen wie Walpurgis oder Johanni aus der Tiefe emporwinden und ihre Position durch ein geheimnisvolles Glühen anzeigen würden.[174]

Die Jahre zwischen 1540 und 1556 wurden zu den erfolgreichsten des Silberausbringens auf dem Roten Berg, so daß die Saalfelder Schmelzhütte 1548 zur besseren Verarbeitung der silberhaltigen Kupfererze [Kupferkies, Fahlerze, Malachit] zu einer Saigerhütte umgebaut werden mußte, ja sogar noch weitere Hütten entstanden. Die Beweggründe hierfür waren nichtzuletzt politischer Natur. Infolge des verlorenen Schmalkaldischen Krieges [1546/47] waren die ernestinischen Wettiner auch aller Anteile am erzgebirgischen Bergbau verlustig gegangen, so daß Saalfeld nun zu ihrer Hauptquelle für Silber avancierte, das sie in ihrer 1551 neu gegründeten Saalfelder Münzanstalt ausprägen ließen. Aus diesem Grund wurde auch die Ansiedlung von Bergleuten in Saalfeld, zwischen Stadt, Altem Markt und Alter [Kloster-]Freiheit enorm subventioniert.
Im Spitzenjahr des Saalfelder Bergbaus – 1566 – waren allein im Saalfelder Revier etwa 200 Bergleute tätig. Nur wenige von ihnen zogen nach Groß- oder Kleinkamsdorf bzw. Goßwitz. Bis zum Jahre 1583 jedenfalls waren dort nicht mehr als 13 neue Wohnhäuser entstanden. Daß einzig die Nähe zu Saalfeld – wie der Arzt, Naturforscher und Begründer der modernen Mineralogie und Bergbaukunde Georgius Agricola [1494-1555] vermutete – die Entwicklung Kamsdorfs zu einem größeren Gemeinwesen, also einer Stadt, verhindert habe, kann auch aus

infrastruktueller Perspektive [etwa wegen Wassermangel] nicht bestätigt werden. Überhaupt setzte schon bald nach 1566 der Niedergang ein. Auch wenn die im Jahre 1567 zusammen mit dem Amt Arnshaugk an die verfeindete Albertinische Linie verpfändete Exklave Kamsdorf-Goßwitz noch bis 1606 dem Bergamt Saalfeld unterstellt blieb, sorgte doch [1] der Rückgang der Erträge – so kam es etwa im Kleinkamsdorfer Revier nach 1575 zu keinen bedeutenden Aufschlüssen mehr –, [2] die zunehmende Unrentabilität des hier gebräuchlichen Saigerverfahrens sowie [3] das viele Silber aus Mexiko und Kolumbien, das damals nach Europa strömte, für den Niedergang des Berg- und Hüttenwesens sowohl im Mansfelder als auch im Saalfelder Revier, so daß Ilmenau nach 1583 zum wichtigsten Bergrevier der Ernestiner wurde.[175] Auch die große Pestepidemie des Jahres 1597, der allein in Kamsdorf 140 Menschen zum Opfer fielen, hat – da auch Grubenbesitzer und Althauer starben – den hiesigen Bergbau – um Jahre zurückgeworfen. Dennoch bestanden am Vorabend des 30-jährigen Krieges zwischen Saalfeld und Kleinkamsdorf noch ungefähr 63 Bergbauanlagen. Allerdings waren, wie für das Kleinkamsdorfer Revier konstatiert wird, alle gewinnbaren ›Flöze‹ im Zechstein ›ausgehauen‹. Bis zum Katastrophenjahr 1640, als infolge des Saalfelder Lagers die Anlagen völlig zerstört wurden und in den nachfolgenden Jahren und Jahrzehnten verfielen, war aus den Kleinkamsdorfer Zechen und Schächten ›Heiliger Geist‹ [am Brunnenstollen], ›Reicher Segen Gottes‹, ›Jesu Christ‹ [beim ›Neugeborenen Kindlein‹], ›Samuel‹ und ›St. Wenzel‹ [am Linkborn], ›Bauernzeche‹ und ›Himmlische Sackpfeife‹ [an der Eisenstraße], ›Beschwerung Gottes‹, ›Hilfe Gottes‹ und ›Junger St. Johannes‹ [an der Wernburg] sowie ›Daniel‹ insgesamt noch eine Erzmenge gefördert worden, aus der sich 240 kg Silber und 40 t Kupfer erschmelzen ließen.[176]

Aufstieg und Niedergang der Bergreviere um Saalfeld zwischen 1540 und 1640 finden sich in der **Sage** von jenem Grubenunglück in der Zeche ›Kleiner Christoph‹ südwestlich von

Weischwitz verdichtet, bei dem im Jahre 1625 ein Steiger und vierzehn Hauer getötet wurden. »Durch reiche Ausbeute sollen die Bergleute in Maßlosigkeit verfallen und ... als Frevler verschüttet worden sein. Nur der älteste der Bergleute soll vom Berggeiste aus dem Schacht geschleudert worden und mit dem Leben davon gekommen sein.«[177] Danach hat lange Zeit kein Bergmann mehr hier einzuschlagen gewagt. Erst 1695/98 wurde die Arbeit in der seither ›Totengrube‹ genannten Zeche wieder aufgenommen.

*Gewinnung von Kobalt im 17. und 18. Jahrhundert*
Der Wiederaufschwung des Bergbaus auf dem Roten Berg in der zweiten Hälfte des 17. Jahrhunderts war im Wesentlichen von zwei Faktoren geprägt. Zu einem gewann der bislang als ›Silberräuber‹ geächtete Kobalt als Farbstoff insbesondere zur Dekoration der um diese Zeit deutschlandweit sich verbreitenden Fayence-Alltagskeramik große Bedeutung, zum anderen förderten die beiden, im Zuge von Landesteilungen neu gegründeten Teilherzogtümer Sachsen-Zeitz [ab 1656] und Sachsen-Saalfeld [1680] den Bergbau enorm –  nichtzuletzt zur Schuldentilgung für ihre neuerbauten Residenzschlösser. Als erste Grube im Revier nahm der Röblitzer ›Erzstoln‹ 1644 den Betrieb wieder auf und es wäre wohl bei diesen zaghaften Abbauversuchen geblieben, wenn der ›fürnehme Handelsmann Wagner‹ am 26. Oktober 1660 auf alten Halden nicht Kobalt entdeckt hätte, »dessen Verhüttung in einem 1661 gegründeten Blaufarbenwerk am Hüttensteg an der Saalelache geschah. Das Werk bestand bis 1839 und gilt als Vorläufer der späteren Saalfelder Farbenindustrie.«[178] »In erster Linie wurden die in den alten Grubenbauen vorgefundenen Kobalte gewonnen, die die Alten stehengelassen hatten. Silber und Kupfererz wurden nebenbei erschlossen, wo es mit geringer Mühe möglich war. Als Kobalt bezeichnete man den Smaltin (Speiskobalt), der den Silbererzen täuschend ähnlich sah.«[179] Im Jahre 1663 begann in der Kaulsdorf-Fischersdorfer Flur in der ›Fleischerzeche‹ [etwa 250 m westlich der späteren Kö-

nigszeche] der Abbau von Kobalt, der aber bereits 1669 wegen Wassereinbruch wieder eingestellt werden mußte. Bei Gorndorf, in dem noch heute von vielen kleine Pingen und Halden durchsetzten Flurteil ›Bergschmiede‹ [SO vom Ort auf der flachen NW-Abdachung des Roten Berges südlich des Schlackenberges] kamen im Jahre 1660 die alten Grubenverhaue ›Silberkammer‹ und ›Wilder Mann‹ wieder in Gang, gleiches im Flurteil ›Hinter der Kirche‹ [etwa 300 m SO von Alt-Gorndorf, südlich der alten B 281 im Westteil des späteren Haldenberges], wo im Bereich ›etlicher alter Kupfererzgruben‹ die Zechen ›Englischer Gruß‹ und ›Charlotten Aufrichtigkeit‹ [1666-1778] eröffnet wurden. Bereits 1667 glaubten zwei Bergleute auf der alten Halde der ›Magdeburgischen Jungfrau‹ nach Kobalt, ein regulärer Bergbau konnte aber erst 1676 wieder einsetzen. Auch im ›Güldenen Grund‹ erfolgten nach 1670 mehrmals Wiederaufnahmen. 1678 begann die von dem Saalfelder und Piesauer Blaufarbenfabrikanten Johann Wildt [aus Platten im böhmischen Erzgebirge] erworbene Grube ›Neugeborenes Kindlein‹ mit der neuen Förderung. Auf Köditzer Flur erfolgte der Abbau von Kupfer, Kobalt und Silber ab 1680 ›am Stöckelstein‹ sowie im Neidhammeler Zug in den Gruben ›Neidhammel‹ [ab 1635] und ›Liebeskasten‹ [ab 1687 mit Unterbrechungen], auf Obernitzer Flur dagegen im Birktal ab 1686 in den Gruben ›Jeremias‹ und ›Gideon‹. Auch der ›Gottlobstollen‹ am Nordwestende des Bohlenprofils dürfte um diese Zeit schon wieder silber- und bleihaltige Fahlerze, Kupfer- und Kobalterze geliefert haben. Im weiteren Bereich des Geländes um den späteren ›Pelican‹ [1705 der Schacht uffm Pelican] hören wir um diese Zeit von den Gruben ›Glückauf‹ [ab 1685], ›Lippold‹ [ab 1688] und ›Weißer Schwan‹ [1689-1813?]. Wegen der schlechten Verhüttbarkeit der kobalthaltigen Silbererze waren viele dieser Grube zunächst wenig rentabel und einige, wie ›Neugeborenes Kindlein‹, mußten 1703 schuldenhalber zunächst wieder stillgelegt werden, während es im ›Güldenen Grund‹ 1704 und 1707 zu Wiederaufnahmen kam, worauf dort zwischen 1720 und 1760 anhaltend und mit gutem Erfolg abgebaut wurde.[180]

Nach der Erfindung des europäischen Hartporzellans durch Johann Böttger 1709 stieg auch die Nachfrage nach Kobalt an, weil es zur Herstellung der kostbaren Porzellanfarbe ›Kobaltblau‹ benötigt und daher teuer bezahlt wurde. Vielleicht wäre eine Rentabilität der  Kobaltgruben in der Kamsdorfer-Goßwitzer Exklave möglich gewesen, wenn der Kurfürst von Sachsen nicht so rigoros über das Blaufarbenmonopol der Schneeberger Blaufarbenfabrik als Zulieferbetrieb seiner Meißener Porzellanmanufaktur gewacht hätte. Obwohl im Erzgebirge reichhaltigere und bessere Kobalterze anstanden, mußte aller Kobalt aus Kamsdorf zu schlechten Preisen nach Schneeberg geliefert werden, und man konnte ihn nicht auf Saalfeld-Coburgischer bzw. Schwarzburgischer Seite, wo ebenfalls großer Bedarf vor herrschte, verkaufen. Die Saalfelder Blaufarbenfabrik freute sich über den geschmuggelten Kobalt und man lieferte ins Saalfelder Amt geflüchtete Schmuggler nicht nach Arnshaugk aus, während auf kursächsischer Seite einmal eine arme Bergmannswitwe, die aus Not ein wenig geschmuggelt hatte, gnadenlos eine Zeit lang ins Zuchthaus gesteckt wurde und ihre unmündige Kinderschar derweil dem Großkamsdorfer Bergamt überlassen blieb.[181]

»Das Interesse der kursächsischen Herrschaft am Bergbau erwachte 1742 erneut. Es kam zur Wiederaufnahme im ›Neugeborenen Kindlein‹, und es begann eine über 6 Jahrzehnte andauernde Betriebsperiode. Hoffnungsvolle Kupfer- und Silbererzanbrüche wurden in diesen Jahren immer wieder gemacht. Obwohl die ›Neustädtische Schurfgeldkasse‹ mehrmals den Abbau subventionierte, konnte die Grube lediglich 1788/89 Gewinn erbringen. Danach waren wieder endlose Zubußen erforderlich.«[182] Auch andernorts auf dem Roten Berg kumulierten um die Mitte des 18. Jahrhunderts bergbauliche Aktivitäten. So wurden 1746 die 1545 stillgelegten Stollen des Diebskastens wieder geöffnet und befahren. Zudem begann man 1756 im Obernitzer Birktal nahe der ›Hexensäule‹ über die Zeche ›Prinz Ernst Friedrich‹ mit dem Abbau silberhaltiger

Kupfererze. Auf Saalfelder Flur, rund um die Höhe 321,7 am oberen Leutenberger Weg im südöstlichen Bereich des Großen Bernhardsgrabens setzt ab 1751 der Bergwerksschacht ›Pelican‹ den traditionsreichen Abbau auf silberhaltiges Kupfererz der alten Grube ›Reiche St. Anna‹ fort. Auch die ›Franz Josias-Zeche‹ auf dem Roten Berg [ca. 600 m NW der späteren Königszeche] ist diesbezüglich zu erwähnen. Im Mansfeldischen, sprich Kaulsdorfer Revier auf dem Roten Berg hören wir zudem von den Zechen ›Hanfstengel‹ [in der Kalkgrube ca. 200 m SO der Königszeche], ›Kleeblatt‹ [ca. 670 m NW der späteren Königszeche], ›Hoffnung Gottes‹ [auf dem Blosplan ca. 800 SW der Königszeche], ›Blaues Lichtloch‹ [auf dem Rotheberg ca 40 m NW des späteren Preußischen Hauses], deren Reste und Halden alle um 1980 verschwanden. Zu der auch bergbaugeschichtlich bedeutendsten Zeche im Kaulsdorfer Revier avancierte jedoch die Grube ›Die Weintrauben‹ auf dem Rotheberg, die später ›Churfürst‹ und ab 1793 ›Königszeche‹ genannt wurde, und ihr wenige Meter westlich daneben gelegener Fundschacht [eigentlich ›Fundschacht-Churfürst‹]. Das Zechenhaus der ›Königszeche‹, das bekannte ›Preußische Haus‹, brannte 1945 nieder und ist längst verschwunden.
Ein zu Wohnzwecken erweitertes Zechenhaus zwischen der Königszechenhalde und dem Fundschacht zeigt zumindest die etwaige Position dieser berühmten Schachtbauten noch an.[183] Die Wiederbefahrung von alten Zechen auf dem Roten Berg war von wechselndem Erfolg geprägt: Obwohl z.B. das ›Neugeborene Kindlein‹ mit der anstoßenden Grube ›Freudenstein‹ 1778 vereinigt worden war, sollten beide in dem Zeitraum zwischen 1748 und 1806 eine Zubuße von 4.632 gr. verschlingen. »Trotz dieser Verluste nahm man nach 1800 weitere alte Gruben in der Kleinkamsdorfer Flur wieder auf. Zwischen dem ›Neugeborenen Kindlein‹ und dem ›Erzstollen‹ setzte man einen neuen Stollen an, um das Feld des ›Freudigen Bergmanns‹ zu unterfahren. Nachdem der Abbau wieder aufgenommen war, waren in kurzer Zeit Silber und Kupfer im Wert von 2.000 Thl. gewonnen worden.«[184]

Das Schneeberger Kobalt-Monopol fiel erst nach 1815, doch hatten die Kamsdorfer Gruben nicht lange Nutzen davon, denn mit der Erfindung des künstlichen Ultramarins im Jahre 1828 ging die Nachfrage nach Kobalt merklich zurück, die Saalfelder Fabrik mußte in den 1830er-Jahren schließen.

Nach dem Übergang der Exklave Kamsdorf an Preußen 1815 unterstützte das Bergamt die Kleinkamsdorfer Kobalt-Zechen, insbesondere jene um das zu dieser Zeit aufgelassene ›Neugeborene Kindlein‹ durch die Schaffung einer eigenen Gewerkschaft ›Kobaltzeche‹. Anfänglich war sie mit der des nachfolgend noch erwähnten Veltheim-Stollens verbunden, wurde aber schon 1818 von dieser getrennt. Später übernahmen die finanzstarken ›Vereinigten Reviere‹ die Kobaltzeche, doch arbeitete sie nicht mehr mit Gewinn. Zwischen 1816 und 1838 wurden dort 3.098 Zentner Kobalterz im Wert von 11.743 Thl. gefördert, danach bis zu ihrer Auflassung im Jahre 1851 nur noch wenige Zentner, so daß die Kobaltzeche unter preußischer Regie insgesamt nicht mehr als 163 t Kobalt abgebaut hatte. Auch die in den ›Vereinigten Revieren‹ betriebene Nachlese auf geringhaltiges Silbererz, von dem zwischen 1816 und 1838 noch ca. 1.500 t im Werte von 34.156 Talern gefördert wurde, ging immer mehr zurück und hörte mit dem zeitweisen Verfall des Silberpreises in den 1860er-Jahren schließlich ganz auf.[185]

## Vom Bergkrieg auf dem Roten Berg

Schon im Mittelalter dürfte es landesfürstliche Streitereien um Gruben und Abbaurechte auf dem Roten Berg gegeben haben. Wie wir bereits hörten, existierten, bezogen auf das Jahr 1510, in dem Revier fünf Dreiländerecken, wo die Hoheitsgebiete der Wettiner [Amt Saalfeld], der Grafen von Schwarzburg, der gefürsteten Abtei Saalfeld, der Grafen von Mansfeld und der damals noch reichsunmittelbaren Freiherren von Brandenstein aufeinandertrafen und jeder Landesherr an dem tatsächlichen oder auch nur erhofften Reichtum des Berges partizipieren wollte. Viele bergbauliche Unternehmungen erfolgten unter lan-

desherrlicher Regie und oft genug nur aus Repräsentationsgründen, nichtzuletzt um die Kreditwürdigkeit jener Staatswesen zu erhöhen. Nachdem die gefürstete Abtei Saalfeld und
das Haus Brandenstein im 16. Jahrhundert in die sächsischen
Ämter einbezirkt waren, besaßen nur noch die Wettiner, die
Schwarzburger und die Mansfelder Anteile am Roten Berg.
Doch kam es wieder zu Spannungen, nachdem das Amt Arnshaugk mit der Exklave Kamsdorf-Goßwitz zunächst als Pfand
aus ernestinischer in albertinische Hand übergegangen war.
Zwar konnten erstere über ihr Bergamt in Saalfeld [1513]
auch nach Übernahme der Berghoheit über Kamsdorf durch
Kursachsen [1606] die strittigen Gruben zunächst behaupten,
gerieten aber, nachdem das Gebiet 1660 endgültig den Albertinern zugefallen war, mit diesen in Hoheitsstreitigkeiten.[186]

»Im Zeitraum zwischen 1696 und 1704 erlebten sie ihren
Höhepunkt, indem das Bergamt von Sachsen-Zeitz in Neustadt/Orla unter Gewaltanwendung versuchte, alle Kleinkamsdorfer Gruben unter seine Herrschaft zu bringen. Das Saalfelder Bergamt ... beantwortete Gewalt mit Gewalt. Der Schacht
›Bergmännisches Glück‹, der im Bereich des alten ›Erzstollens‹
lag, wurde im Jahre 1701 von Saalfeldern verwüstet und
unbefahrbar gemacht. Nach der Einigung beider Fürstenhäuser
blieb der Erzstollen bei Saalfeld, die oberhalb gelegenen Gruben unterlagen endgültig der Kamsdorfer Berghoheit.«[187]
Infolge neuer Streitigkeiten um das Bergregal ruhte der Bergbau um 1715 erneut und die Gründung des Bergamtes in
Großkamsdorf [1718] kann in diesem Sinne als Bekräftigung
Kursachsens betrachtet werden, direkt vor Ort Position zu beziehen, bestand doch stets die potentielle Möglichkeit, noch
auf bislang übersehene, ungeahnt reichhaltige Silberflöze zu
treffen. Als aber im Jahre 1770 der Kaulsdorfer Rittergutsbesitzer Johann Adam von Kretschmann Kuxen an der Grube
›Die Weintrauben‹ erwarb und mit Erlaubnis des Grafen von
Mansfeld der damals die Oberlehnsherrschaft über die Exklave
Kaulsdorf beanspruchte, bergbauliche Aktivitäten dort entwickelte, erkannte das Saalfelder Bergamt darin eine neue Gele

genheit, seine Zuständigkeit für den Kaulsdorfer Bergbau zu erzwingen. Das Bergamt in Großkamsdorf unter seinem Bergmeister Johann Gottlob Gläser stand bei dem Konflikt selbstverständlich auf Seiten des Mansfelder Bergamtes.

»Dies führte nicht nur zu einem heftigen Rechtsstreit zwischen den Bergämtern, sondern auch zu Zerstörungen an den Grubenbauen und handgreiflichen Ausschreitungen mit Knüppeln und Steinen zwischen Kaulsdorfer und Saalfelder Bergleuten und Bürgern einschließlich zeitweiliger Einkerkerung von mehr oder weniger Verantwortlichen, deren man habhaft werden konnte.«[188] So gelang es dem Kaulsdorfer Richter Johann Andreas Engelmann einmal nur mit Not, einem von dortigen Beamten angeführten Mob Saalfelder Mob zu entrinnen. Diese, bis 1794 sich hinziehenden, als ›Saalfeld-Kaulsdorfer Bergkrieg‹ bekannten Auseinandersetzungen wären wohl nur eine Episode in der Regionalgeschichte geblieben, wenn der König von Preußen, der 1792 mit der Markgrafschaft Ansbach-Bayreuth in den Besitz Kaulsdorfs gelangt war, sich nicht in den Streit eingeschaltet und seinen jüngsten Bergbeamten, den späteren Südamerikaforscher und Naturwissenschaftler Alexander von Humboldt [1769-1859] auf den Roten Berg entsandt hätte, um eine Schlichtung herbeizuführen. Mit nur 24 Jahren hatte es der brillante junge Mann bis 1793 zum Oberbergmeister zu Bayreuth gebracht.
Er weilte bis 1794 wiederholt in Kaulsdorf und hat bei seinem Aufenthalt 1792 etwa die Kamsdorfer Eisensteingruben und den ›Pelican‹ befahren. »Noch lange will man in einem Kaulsdorfer Zechenhaus auf dem Roten Berg den Stuhl gezeigt haben, auf dem der später so berühmte Gelehrte anläßlich seiner Grubeninspektionen gesessen hatte.«[189] Im Zuge großzügiger Aufschlußarbeiten gelang es Humboldt, nicht nur einen Konsens mit den Bergämtern von Saalfeld, Großkamsdorf und Könitz herbeizuführen, sondern auch das Kaulsdorfer Revier auf einem höheren Niveau neu zu organisieren und so einen Aufschwung der Gruben herbeizuführen, der bis in die Bayernzeit [1810-1866] hineinreichte. Der Staat trat nun als Betreiber der Gru-

ben und auch als Förderer des Bergbaus in Erscheinung. Eine Knappschaftskasse als Vorschußkasse und Notversorgung für die Bergleute wurde geschaffen, alles freilich in Erwartung großartiger zukünftiger Erzanbrüche, die Humboldts Vermessungen vermuten ließen. Die ›Königszeche‹ [1793], so schloß er, könnte wegen ihrer Ausbeute ›an Erz und Kobalt, Fahleisen und Kupferkies ... zu einem der wichtigsten Berggebäude in Deutschland‹[190] werden, doch müßten die schwarzburg-rudolstädtischen Zechen ›Hanfstengel‹ und ›Fleischerzeche‹ für Preußen mittels Gebietsaustausch erworben werden. Zum Abbau kamen nach dieser Zeit auch vermehrt Eisenerze. Zum Thema ›Bergkrieg‹ sei letztenendes noch angefügt, »daß sich 1806 sogar Kaiser Napoleon persönlich mit Kaulsdorf und dessen Fluren auf dem Roten Berg beschäftigten mußte.«[191]

Während der Napoleonischen Zeit lag der Bergbau auch andernorts darnieder. Danach folgte für Kaulsdorf ein langer Zeitabschnitt der Blüte, bis die Gruben ab 1842/43 wieder am Boden lagen und nur einige Eigenlöhner und kleine Gewerkschaften sich ihrer annahmen, bis 1859 der Unternehmer O. Hartmann aus Saalfeld die Bergrechte daran erwarb und bis etwa 1866 einen erfolgreichen Nachlesebergbau betrieb. Anschließend waren in den 1870ern noch drei, 1890 schließlich noch ein Bergmann im Kaulsdorfer Revier tätig.[192]

Während der letzten Phase des Bergbaus auf dem Roten Berg bis 1867 wurden immerhin noch 148.000 Taler in bar an Ausbeuten ausgezahlt, wobei die rentabelsten Gruben in den Ortsfluren von Kaulsdorf, Röblitz und Gorndorf lagen. Im letzteren Falle währte der Bergbau in den beiden Gruben ›Silberkammer‹ und ›Wilder Mann‹ bis 1836. Auch in den anderen Revieren hörte um diese Zeit der Bergbau auf und die Nachlese begann. Auf dem Neidhammeler Gangzug endete in den Gruben am Stöckelstein, im ›Diebskasten‹, im ›Neidhammel‹ und im ›Liebeskasten‹ die konventionelle Förderung im Jahre 1835, ebenso im Obernitzer Birktal in den Gruben ›Prinz Ernst Friedrich‹ [1838], ›Jeremias‹ [1839] und ›Gideon‹ [1839]. Im Saalfelder Revier wurde im Jahre 1834 die Zeche

›Lippold‹ aufgelassen. Die benachbarten Zechen ›Glückauf‹ und ›Pelican‹ folgten 1859 bzw. 1860.[193] Auch den Kleinkamsdorfer Buntmetallgruben stand keine große Zukunft mehr bevor. Mit dem Anfall an Preußen und der Gründung des ›Oberen Reviers‹ um Goßwitz [1816] und des ›Unteren Reviers‹ um Großkamsdorf [1817] wurde – wir wie oben bereits hörten – der Kleinkamsdorfer Bergbau, der bislang keine unmittelbare Berührung mit den dortigen Revieren gehabt hatte, nun in diese einbezogen. Zwecks Mutung neuer Erzgänge führte man den, von der Goßwitzer Flur ausgehenden ›Veltheimstollen‹ bis zum Jahre 1825 an den Schacht ›Silberblüthe‹ heran. »Obwohl die in dieser Richtung liegenden Gruben ›Wilhelmine‹, ›Perlberg‹ und ›Preußischer Adler‹ keine günstigen Aufschlüsse erbracht hatten, brachten die Bergleute den Stollen bis an die Grenze zu Kaulsdorf ohne Erfolg ins Feld. Damit war klargestellt, daß in diesem Bereich des Roten Berges keine größeren Erzvorkommen auftraten. Die Bergbautätigkeit fand deshalb 1863 in Kleinkamsdorf ihren Abschluß.«[194]

*Das Bergbaurevier Kaulsdorf [1480-1866]*
Im **Teufelstal** [1435 Tufelstayl], einem romantisch anmutenden Nebengrund der Wutsche südöstlich von Kaulsdorf betrieben die Eigenlehner Nicol Köhler und Christian Lösche im 18. Jahrhundert eine Grube unter dem Namen ›Neues Glück‹ Bergbau. In der Nähe davon nach dem **Breiten Holze** zu ›auf den Rödern‹ besaß auch der Kaulsdorfer Grundherr von Dobeneck eine Zeche mit dem Namen ›Friedrichsglück‹.
Auch auf der linken Saaleseite, wo hier und da ein Flurstreifen zur Kaulsdorfer oder Tauschwitzer Flur gehörte, gab es solche Unternehmungen, so 1724 durch Nicol Treuner am **Klittig**, jenem linkssaalischen Prallhang gegenüber Kaulsdorf, sowie auf Höhe des heutigen Eisenbahnkilometers 148,8 – wo in der ersten Hälfte des 19. Jahrhunderts Alaunschiefer gewonnen wurde. Unterhalb davon ergab der **Annemüllersche Steinbruch** bis um 1940, als schönsten Baustein der Umgegend, den rötlichen Knotenkalk des Devon wie er auch am Gössitz-

felsen abgebaut worden ist.[195]

Der weitaus größte Teil des Kaulsdorfer Bergbaus jedoch ereignete sich auf dem ›Roten Berg‹, wo sich die Landesherrschaft der Exklave schon frühzeitig jenseits der Tauschwitzer Flur einen gesonderten Flurkomplex gesichert hatte, der sich im Westen bis zum ›Güldenen Grund‹, im Norden bis zur ›Eisenstraße‹ und im Nordosten bis zur ›Wernburg‹ erstreckte, und von dem in einem anderen Kapitel näheres zu berichten ist. Der Schwerpunkt des Kaulsdorfer Bergbaus lag zunächst auf den, silberhaltiges Kupfer liefernden Gruben im ›Güldenen Grund‹, wo 1480 erstmals eine Zeche erwähnt ist. Um das Jahr 1500 war die Bedeutung des Bergbaus in der Gemeinde schon so bedeutsam, daß man auf dem um diese Zeit geschaffenen Altarschrein der Kaulsdorfer Kirche auch die Heilige Barbara, die Patronin der Bergleute, mit abbildete. Ab 1537 arbeiteten die Gruben im ›Güldenen Grund‹ mit guter Ausbeute, jedoch setzte ab 1585 ihr Niedergang ein. Eingefahren wurde damals auch im Unteren Wutschental [1546] und an der ›Wernburg‹ [1553/54]. Zudem gruben die Tauschwitzer Bauern in den Wintermonaten in der ›Riedelhalle‹ zwischen ›Rotem Berg‹ und ›Last‹ nach roter Farberde – sogenanntem ›Rötel‹. Der Wiederaufschwung des Kaulsdorfer Bergbaus setzte erst einige Zeit nach dem 30-jährigen Krieg ein, jetzt zunehmend auch auf Kobalt, so in der von 1660 bis 1669 betriebenen ›Fleischerzeche‹. Zwischen 1670 und 1704 erfolgte mehrmals die Wiederaufnahme des Bergbaus im ›Güldenen Grund‹, wo von 1720 und 1760 mit gutem Erfolg eingehauen wurde. Weitere um diese Zeit betriebene Gruben waren ›Franz Josias‹, ›Unterer Pelikan‹, ›Oberer Pelikan‹, ›Kleeblatt‹, ›Hoffnung Gottes‹, ›Hanfstengel‹, ›Blaueslichtloch‹ und ›Die Weintrauben‹, die später auch ›Churfürst‹ und schließlich ›Königszeche‹ genannt wurde. Waren alle diese Gruben bislang von Eigenlehnern und kleinen Gewerkschaften betrieben worden, so trat ab der Epoche der ersten Preußenzeit [1792-1806] nunmehr der Staat als Betreiber der Gruben und auch als Förderer des Bergbaus in Erscheinung. Verbunden ist diese

Entwicklung – wie wir noch hören werden – mit dem Wir-
ken Alexanders von Humboldt, des bekannten Südamerika-
Forschers, der hier seine ersten Sporen als preußisch-ansbach-
scher Oberbergmeister verdiente.
Auf seine Initiative hin erfolgte die
Gründung einer Knappschaftskasse,
welche nicht nur in Not geratene
und kranke Bergleute wie auch
Witwen und Waisen unterstützen
sollte, sondern auch die Rolle einer

*Eingang Besucherbergwerk* Vorschußkasse spielte, wobei die
Bergleute im Frühjahr Kredite für den Kauf von Saatgut für ihre
Gärten und Handtuchfelder erhielten, die sie dann im Winter
mit dem Erlösen aus ihren Überstunden wieder kompensierten
– allerdings nicht immer mit Erfolg. Abgebaut wurden ab
dieser Zeit auch vermehrt Eisenerze. Besonders im Bereich
der ›Königszeche‹ mit ihrem bekannten Hutgebäude, dem
›Preußischen Haus‹, entwickelte sich ab dem Jahre 1792 eine
umfangreiche Bergbautätigkeit, die kriegsbedingt unterbro-
chen, bis um das Jahr 1842 – also bis weit in die Bayernzeit
[1810-1866] hinein – blühte.

1859 erwarb der Saalfelder Unternehmer O. Hartmann die
Kaulsdorfer Gruben und betrieb eine erfolgreiche Nachlese,
bis dann nach 1866 die endgültige Auflassung erfolgte. Danach ließ Hartmann in geringem Umfang noch Umbra-Erde
gewinnen. Die Mannschaftsstärke der Kaulsdorfer Knappschaft
war nie besonders hoch. Sie schwankte zwischen 7 und 20
Bergleuten. Vor 1860 waren noch sechs Männer, 1870 drei,
1890 lediglich noch ein Mann im Kaulsdorfer Reviere tätig. Die
Bergbauhinterlassenschaften prägten daraufhin noch für mehr
als 100 Jahre das Landschaftsbild auf dem Roten Berg. Erst
um 1980 wurden sie bis auf wenige Pingen und Halden an
den Rändern zugunsten neuer Ackerflächen beseitigt.[196]

*Das ›Obere‹ Bergbaurevier um Goßwitz [1559-1958]*

Zwischen Beulwitz im Nordwesten und Gössitz im Osten erstreckte sich mit dem Roten Berg als Mittelpunkt ›das sowohl räumlich als auch hinsichtlich seiner wirtschaftlichen Bedeutung größte historische Erzbergbaugebiet Thüringens‹. Wie im Vorfeld bereits angedeutet, stammen seine Erzvorkommen von erzhaltigen salinen Lösungen, die unter starkem Überlagerungsdruck durch Sedimente der Trias aus dem Thüringer Becken abgepreßt wurden. Über Verwerfungsspalten zum Rand dieses Beckens strömend, lagerten sie sich anschließend im Saalfelder, Pößnecker, bis Neustädter Raum als gangförmige Kupfererze im älteren Zechstein der Werra-Serie bis hinein in das unterlagernde Schiefergebirge ab, wobei sie im Raum Kamsdorf und Goßwitz zudem einen deutlichen Silbergehalt aufwiesen. Im Ostteil des Roten Berges zwischen Kamsdorf und Könitz dagegen besaß das Eisenerz seine größte Akkumulation. Dort fanden sich in einer Ellipse von etwa 1,2 × 0,8 km von den etwa 2,5 Mio. t hochprozentigen Erzen rund 80% konzentriert. Zwischen Kleinkamsdorf und Saalfeld hingegen stand kaum Eisenerz an. Dafür lag hier das Hauptverbreitungsgebiet des Kobalts im Revier. In der Goßwitzer Flur waren zunächst Kupfererze, vornehmlich Kupferkies ($CuFeS_2$), später Brauneisensteinflöze, die östlich und westlich des Ortes über Tage ausstrichen, Gegenstand des Abbaus. Wann der Bergbau in Goßwitz begonnen hat, ist nicht sicher nachzuweisen. Wie der Montanhistoriker Peter Lange berichtet, weisen die ersten Nachrichten davon in die Mitte des 16. Jahrhunderts. Nachdem im Jahre 1540 reiche Kupfer- und Silberfunde auf dem Roten Berg ein sogenanntes ›Berggeschrey‹ ausgelöst hatten, kam es auch westlich von Goßwitz rings um die ›Grüne Eiche‹ nach dem Ziegenberge hin zu umfangreichen Aktivitäten, wie die nach Asmus und Caspar Becke benannte Stollenanlage [1561], beweist, zu der offenbar ein von Tal aus vorangetriebener ›Erbstollen‹ [1559] gehörte. Weitere Zechen rund um die ›Grüne Eiche‹ waren die ›Acht-Brüder-Fundgrube‹ [1579] und ›Fortunas Bentel‹ [1595].

Weiter nach Kamsdorf zu lagen die Gruben ›Katharina‹ [1552], ›Silberkasten‹ [1556] und ›Spanierfundgrube‹ [1586], die mit ihrer Ausbeute die Saalfelder Schmelzhütten beschickten.

Beteiligt an diesen Unternehmungen waren finanzstarke Geldgeber wie der Münzmeister der Saalfelder Kreismünze Gregor Einkorn, der Zehntner Michael Nebelthau, die Adligen Ernst von Asseburg, Hans von Weißenheim sowie Ascan von Brandenstein auf Ranis und Wöhlsdorf. Der Aufschwung währte nur kurze Zeit, schon nach 1564 begann der Niedergang und im Jahre 1606 lag der Goßwitz-Kamsdorfer Bergbau ziemlich darnieder und gewann erst gegen Ende des 17. Jahrhunderts wieder an Fahrt, als 1685 zunächst die alten Eisensteingruben wieder aufgetan und von 1688 bis 1690 die Grubenverhaue auf Kupfer wieder in Angriff genommen wurden, so die der ›Brüderlichen Treue‹, der ›Brüder Einigkeit und Freiheit‹ und nahe beim Zollhaus des ›Bescherten Segens‹, die ihre Erze mit Pferdefuhrwerken zunächst nach dem schwarzburgischen Leutenberg lieferten, bis 1692 die Kupferschmelzhütte in Stanau bei Neustadt/ Orla in Betrieb ging, wo ab 1693 sämtliche Kupfererze aus dem Amt Arnshaugk abgeliefert werden mußten. Nachdem bis zum Jahre 1710 noch die Stollenanlagen ›Anton Günther‹, ›Bartholomäus‹ [im Lindig], ›Bescherter Segen‹ und ›Aufrichtigkeit‹ dazugekommen waren, verlagerte sich der Kupfererzabbau auf dem Roten Berg ins Goßwitzer Revier, wo direkt westlich der Ortslage, also an der Flurgrenze nach Kamsdorf am Ziegenberg und nordöstlich davon entlang der Straße Zollhaus-Könitz, reiche Brauneisensteinlager vorkamen. Aufgrund seines hohen Kalkanteils waren die Eisenerze vom Roten Berg insbesondere bei den Hüttenwerken im Thüringer Wald, besonders um Suhl, das damals ebenfalls zu Kursachsen gehörte, begehrt, wohin sie etwa ab dem Jahre 1720 ebenfalls mit Fuhrwerken abgefahren wurden. Ab dieser Zeit nahm der Goßwitzer Bergbau einen großen Aufschwung. Das zog auch zahlreiche Eigenlehner an, die allein, zu zweit oder zu dritt [in der Regel zwei Bergleute und ein Steiger] auf eigenes Risiko Gruben anlegten und betrieben.[197]

Die bedeutendsten Grube jener Zeit war neben ›Fünf-Brüder‹, die ›Juliane‹ nördlich von Goßwitz, » die in den Jahren von 1729 bis 1779 mit mäßigem Erfolg Kupfer und Silber, später wohl auch Eisenstein erbrachte. Das Julianer Stollenmundwasser floss das Lischentellental (Lichte Telle) hinab und vereinigte sich im Wutschental mit der Wutsche.«[198] Der Stollen war 1751 fertiggestellt worden und entwässerte den Gangzug Juliane und den umgebenden Revierteil. Weitere Grubenwässer gingen u.a. durch den Schlüsselstollen ab.

Von den Bergwerken dieser Ära hat sich die um 1750 angelegte Grube ›Bau auf Dich‹ am besten erhalten.[199] Als 1742 auf der Dinklerzeiche zwischen Großkamsdorf und Könitz reiche Kupfervorkommen aufgetan wurden, verlagerte sich der Kupfererzabbau zunehmend an den Ostrand des Roten Berges. Der Bergbau in Goßwitz ging in der Folge zurück und wird für die Zeit vor 1800 als inzwischen ›sehr eingesunken‹ bezeichnet. Dennoch hatte er von 1718 bis 1815 nach Angabe des Bergamtes Kamsdorf eine Ausbeute von 6.000 t Kupfererz im Werte von *1.145.334 ℳ* sowie 559.000 t Eisenstein erbracht.

Unter preußischer Regie nahm der Goßwitzer Bergbau erneut Aufschwung: Im Jahre 1816 wurden die einzelnen Gruben zu einem einheitlichen Betrieb, dem ›Oberen Revier‹ zusammengefaßt. Reiche Funde von Kupferkies 1814 in der ›Fünf-Brüder-Zeche‹ initiierten 1822 den Bau der Kupferschmelze nebst Pochwerk am Wutschenbach und des gemeinsam mit dem ›Unteren Revier‹ [1817] zu Großkamsdorf genutzten Huthauses [1822] als Verwaltungssitz an der Flurgrenze. Nachdem die ›Fünf-Brüder-Zeche‹ erschöpft war und man 1832 neue Kupfererzanbrüche bei Großkamsdorf erschlossen hatte, verlagerte sich der Bergbau ins ›Untere Revier‹, welches 1835 in der Lage war, die Anteile des ›Oberen Reviers‹ aufzukaufen und ein einheitliches Unternehmen, die ›Vereinigten Reviere Kamsdorf‹ zu begründen. Der genaue Anteil der Goßwitzer Gruben an deren Gesamtausbeute, ist nicht genau bekannt und wird auf ca. 30% geschätzt. Schon um das Jahr 1850 setzte der Niedergang der ›Vereinigten Reviere Kamsdorf‹ ein und zwar mit dem Siegeszug der koksbefeuerten Montanindustrie im Ruhrgebiet und in Oberschlesien, welche die holzkohlebefeuerten Hochöfen im Absatzgebiet der ›Vereinigten Reviere‹, besonders im Thüringer Wald, zum Erliegen brachte. Nach einem trockenen Sommer im Jahre 1866, als die Wassertriebwerke der Schmelzhütte und des Pochwerks am Wutschenbach nicht arbeiten konnten, waren die Mittel der Gesellschaft erschöpft und sie mußte 1867 Konkurs anmelden.[200]

Daraufhin zog die Maximilianshütte aus Haidhof in der Oberpfalz die Bergrechte im Revier an sich und verarbeitete über ihr auf Röblitzer Flur erbautes Stahlwerk Maxhütte ab 1873 »jährlich rund 50.000 t hochwertiges Eisenerz, hauptsächlich aus dem Revier ›Himmelfahrt‹ nördlich von Goßwitz und in den weiter nördlich gelegenen Flurteilen. Parallel dazu blieb der Goßwitzer Bergbau in bescheidenem Umfang bestehen. Abgebaut wurde noch in den Gängen ›Conatus‹, ›Juliane‹, ›Albert‹ und ›Morgenstern‹ nordwestlich des Ortes und bei den Gängen ›Hermann‹, ›Ehre Gottes‹, ›Richter‹ und ›Himmlisches Heer‹ direkt am nördlichen Ortsrand.«[201]
Am Kupfererzabbau hatte die Maxhüttengesellschaft nämlich kein Interesse. Als 1898 die örtlichen Vorkommen an hochwertigem Eisenerz [Reicherz bzw. Braun I] erschöpft waren, wurde die Hütte mit Erzen aus dem Schmiedefelder Revier befahren, was zur Abwanderung von Bergarbeiterfamilien aus Goßwitz und Kamsdorf in dieses Gebiet führte. Um etwa die Schmiedefelder Chamosit-Erze effektiv verhütten zu können, waren kalkige Zuschlagstoffe wie Brauneisenstein II [mit Eisengehalten unter 15%] in großen Mengen notwendig, welche im Umkreis der Ortslage von Goßwitz reichlich anstanden. So ließ die Maxhütte im Jahre 1912 am nordwestlichen Ortsrand den Schacht ›Luise‹ bis auf das Niveau des Julianestollens abteufen und begann parallel zu diesem mit dem Abbau. Über die elektrische Fördermaschine dieses Schachts »lief die Förderung aus sämtlichen Goßwitzer Feldesteilen. Die Grube

wurde an die zur Maxhütte führende Erzbahn angeschlossen. ... Weil bei dem im Kamsdorfer Revier üblichen Pfeiler-Kammerbau etwa 30-40% des Erzes in den Stützpfeilern verbleiben mußte, ist die Zeit nach dem Ersten Weltkrieg durch die Anlage von Tagebauen geprägt, aus denen man Braun II verlustarm gewinnen konnte. Auf Goßwitzer Flur wurden zwei Tagebaue aufgeschlossen. Und zwar waren dies der Tagebau ›Sommerleite‹ westlich des Ortes (in Betrieb von 1922 bis 1952) und der Tagebau ›Lindig‹ östlich vom Ort (in Betrieb von 1943 bis 1953). In beiden Fällen erfolgte die Abförderung der Erze über untertägige Strecken«[202] zunächst über elektrisch angetriebene Seilzugschrappern, ab 1943 dann über eine Seilbahnstrecke, welche ausgehend vom ›Himmelfahrtersatzschacht 04‹ die Abbaue in der gesamten Goßwitzer Flur bis hin zum Ziegenberg erschloß. Waren von der Maxhütte – abgesehen von den Krisenjahren 1902-1903, 1924-1927, 1931-1934 – bislang 100.000 t Braun II im Jahr gefördert worden, so erbrachte dieser Rationalisierungsschub noch 1943 eine Fördermenge an geringvererztem Kalk von 250.000 t und 1944 im Zuge kriegsbedingter Einschränkungen immer noch von 189.900 t. Bewältigt wurde diese Leistung von einer Grubenbelegschaft von 120 Mann.

»1946 benötigte die Maxhütte schon wieder 102.000 t Braun II als Zuschlagstoff für die Hochofenproduktion. Dieser Bedarf stieg bis 1961 auf 600.000 t an. Das machte Investitionen für die Abförderung erforderlich und führte dazu, dass vom ›Ersatzschacht 04‹ nach Süden hin im Jahre 1950 eine Großraumstrecke mit elektrischer Oberleitung gefahren wurde. Der im Tagebau ›Lindig‹ gewonnene eisenschüssige Kalk wurde durch den ›Lindigstollen‹ mittels Elektrolok zum Schacht ›Luise‹ transportiert. Das Material aus dem Tagebau ›Sommerleite‹ gelangte über eine Seilbahn unter Tage zum Schacht ›Luise‹. Von dort übernahm die Erzbahn mit der ›Hexe‹ den Transport zur Maxhütte.«[203]

Nachdem aber der 1924 auf Kamsdorfer Flur eröffnete Tagebau ›Ernstschacht‹ [später Tagebau ›Walter Ulbricht‹]

1949 wieder in Betrieb genommen war, stagnierte der untertägige Abbau im Schacht ›Luise‹, der nun als Schacht ›Kom-
somol‹ zum Lehrbetrieb für die Auszubildenden sämtlicher
Eisenerzbergbaubetriebe in der DDR avancierte.
Trotz weiterem Modernisierungsschubs waren die Stollenwerke
im Bereich ›Luise/Komsomol‹ nicht mehr rentabel und wurden
1958 abgeworfen. Bis 1963 erfolgte der Abriß des Förder-
gestells, die Verfüllung der Schachtröhre und die Einebnung
der Resthalde, während die Baulichkeiten [Kaue, Trafohaus,
Kompressorenstation und Fördermaschinenhaus] in den Besitz
der Gemeinde Goßwitz übergingen, wo sie nach entsprechen-
den Umbauten als Oberschule, dann Kindergarten und schließlich als Gemeindezentrum genutzt wurden.[204]

Der Tagebau im ›Unteren Lindig‹ wurde – wie wir bereits
hörten – 1962/63 zugunsten von Neuland verfüllt. Die ›Sommerleithe‹ hingegen devancierte zum Ärger der Goßwitzer Einwohner in weiten Teilen zu einer Mülldeponie [bis 1990]. Immerhin wurde ihr unverfüllter Nordteil 1966 zum Naturdenkmal erklärt, weil sich hier **Geologischer Aufschluß** und
Bergbaugeschichte auf ungewöhnliche Art vereinen:
»Insbesondere die Nordwand zeigt, daß die Schichtenfolge
des Unteren und Mittleren Zechstein hier diskordant über den
gefalteten Tonschiefern und Grauwacken des Kulms (Unter-
karbon im Untergrund nicht aufgeschlossen) lagern. Außerdem ist eine Verwerfung von mehreren Metern Sprunghöhe
zu erkennen. Im unteren Teil der 15 m hohen Wand befinden
sich ›Höhlen‹. Diese sind keine natürlichen Bildungen, sondern Mundlöcher von Untertagegrubenbauen aus der Zeit um
1900. Hier wurden Eisenspatlagerstätten abgebaut, die sich in
den Kalken des Zechstein gebildet hatten.«[205]

Inzwischen ist der Goßwitzer Bergbau nur noch über den
seit 2001 bestehenden bergbaugeschichtlichen Rundwander-
weg erlebbar, der ausgehend vom alten Revierhaus über den
ehemaligen ›Ersatzschacht 04‹ hauptsächlich durch die Goßwitzer Flur führt.[206]

*Vom früheren Leben der Goßwitzer und Kamsdorfer Bergleute*
Erst der Wiederaufschwung des Bergbaus ab dem Jahr 1685 – vornehmlich aber, nachdem der zwischenzeitlich dem Teilherzogtum Sachsen-Zeitz [1656-1718] zugeschlagene Neustädter Kreis wieder kursächsisch geworden war – begann sich die Struktur der Dörfer und ihrer Flur enorm zu verändern. Nachdem etwa in Goßwitz bereits im Jahre 1682 erstmals die Namen von Bergleuten im Kirchenbuch erwähnt sind, fanden sich im Jahre 1765 neben den 22 Bauern schon 18 Häusler im Ort, die wahrscheinlich in erster Linie im Besitz jener Bergbauhalden waren, von denen auf den lehmigen, mit vielen Kalksteinen vermischten steinigen Böden der Flur am Ende bis zu 80 an der Zahl aufgeschüttet waren. Diese Erdwerke entstanden in Goßwitz hauptsächlich im nördlichen Anschluß an die Altgemeinde, wo sich der sogenannte ›Anger‹ anschließt, der seine größte Ausdehnung von West nach Ost besitzt und von wo sich noch ein breiter Streifen ostwärts bis zum Nachbarort Bucha hinzieht. Gegen einen jährlichen Zins waren hier kleine Parzellen den Bergleuten überlassen worden:

Hier rückten sie meist mittels Duckelbergbau den Erzgängen zu Leibe und erbauten ihre Halden- und Zechenhäuser direkt über den Eingängen der Schächte, während sie den verbliebenen Freiraum als Weide-, Garten- und Feldanbaufläche zur Selbstversorgung ihrer Familie nutzten.[207]

Mit der Zeit übertrugen sich die Namen, welche die Goßwitzer Bergleute ihren Schächte gegeben hatten, auf 19, nach anderen auf 22 solcher **Halden- und Zechenhäuser**. Dazu zählten: ›Vierschwägertreu‹, ›Elias Fundgrube‹, ›Elias Maßen‹, ›Alte Fünfbrüderzeche‹, ›Alte Juliane‹, ›Unterer Saufang‹, ›Oberer Saufang‹, ›Neue Fünfbrüderzeche‹, ›Ehre Gottes I‹, ›Ehre Gottes II‹, ›Vergnüglichkeit‹, ›Johannes I‹, ›Johannes II‹, ›Bau auf Dich‹, ›Johannes samt Richter‹, ›Gottessegen‹, ›Treue Freundschaft‹, ›Schwarzer Mohr‹ und ›Himmlisches Heer‹. Auch über die Großkamsdorfer Flur verstreut standen noch im Jahre 1841 an die 20 kleine Bergmannsanwesen.

Die bäuerliche Nachbarschaft nahm die Ansiedler, die sie

verächtlich ›Halden-‹ oder ›Ziegenbauern‹ nannte, nicht auf. So bildeten beide Gruppen lange Zeit fast getrennte Gemeinden. Die Wohnhäuser der Bergleute waren kleine, in der Regel kurzrechteckige Ein- oder Anderthalbgeschosser mit Sattel- oder Krüppelwalmdach mit Wohnung im vorderen und Stall- bzw. Geräteraum im hinteren Teil des Hauses. Später erhielten sie oft noch einen kleinen winkelmäßig angesetzten Wirtschaftstrakt oder wurden um ein Wohngeschoß erhöht. Für den Bau jener Häuser und Grubenverbaue verkauften die umwohnenden Bauern den Bergleuten Holz in solchen Mengen, daß sich ihre Wälder völlig erschöpften und selbst die Waldbesitzer fortan ihren Bedarf zukaufen mußten.[208]

Wie wurde so ein Bergwerk nun betrieben? Der Bau beginnt mit der Anlage eines Schachtes, der möglichst gemauert wird. Darüber gehört unbedingt ein Regendach, besser aber eine Kaue, ein hölzernes Grubenhäuschen, das mit einer Tür verschlossen werden kann. Oft steht daneben eine zweite Kaue zur Lagerung des Werkzeugs und des ausgeschlagenen Erzes.

Haben die Bergleute bis unter die Sohle des Erzganges eingehauen, treiben sie Stollen voran, die mit Holzzimmern – sprich Schachtrahmen aus starken ineinander verzapfte Hölzern – stabilisiert werden. Mitunter ist ein sogenannter ›Verzug‹, eine Holzverschalung der Seitenwände gegen loses Geröll, nötig oder die Wände müssen durch Stempel vor seitlichem Druck gesichert werden. Unter Tage bewegt sich der Bergmann mittels ›Fahrten‹ – also Leitern, Steigbäumen und Laufbohlen. Wo er längere Zeit stehen muß, errichtet er sich aus Brettern und Bohlen eine Arbeitsplattform, eine ›Bühne‹, auf solchen auch die Bediener des ›Haspelgefährts‹ – des Seilzugs – stehen , mit dem das Fördergut in hölzernen Kübeln mit Eisenbändern aus der Tiefe empor gezogen wird. Soweit es keine Leitern gibt, dient es auch zum Aufzug von Personen. Die Leitern im Schacht sind an festen Bergeisen montiert.

»Um das Gestein mürbe zu machen, wurde in alter Zeit ›Feuer gesetzt‹, wobei giftige Rauchgase entstanden.«[209] Mit

primitiven Arbeitsgeräten – wie Bergeisen, Schlägel und Keil-
haue, später mit Handfeustel, Brechstange und Stahlbohrer –
mußten die Hauer das Erz gewinnen. Mit Kratzen wurde das
Abbaugut zusammengescharrt, mit einer Schaufel in den Lauf-
karren geladen, der dann durch die Bergjungen auf Brettern
zum Aufzug geschoben oder gefahren wurde. Bei kleineren
Anlagen wurden einfache Erztröge [0,5 x 0,3 m ] – sogenannte ›Hunde‹ – mit Schleppseilen auf den Fahrten entlangge-
zogen. An ›Geleucht‹ standen anfänglich nur Kienspäne oder
mit Talg gefüllte Schalenlampen zur Verfügung. Rüböllampen
gab es kaum vor 1830, Karbitlampen nicht vor 1900.
Bei flachen Stollen konnten auch Lichtschächte zur Oberfläche
getrieben werden. Um das Wasser abzuleiten, ist der Schacht
etwas tiefer als der Stolleneingang angelegt, so daß sich hier
das Wasser sammeln konnte. Tropfstellen wurden mit Wasser-
kästen umbaut und dann über hölzerne Rinnen abgeleitet, die
in Entwässerungsstollen mündeten. Aufgrund des stetig feuch-
ten Milieus unter Tage trugen die Bergleute lange Leder-Stie-
fel, bis zur Wade mit Fett eingeschmiert, oder sogenannte
›Lersen‹, eine Art Lederstrümpfe, deren Schäfte bis auf Schritt-
höhe reichten. Erst an der Oberfläche wurde das Erz ausge-
schlagen. Das taube Gestein kam auf die Halde, oder man
nutzte es zum Verfüllen der leeren Stollen. Löste sich die Gewerkschaft auf, ließ man die Grube ›ins Freie fallen‹, was gewöhnlich ein Jahr nach erfolgter Betriebsruhe geschah. Dann mußte der Schacht ›verbühnt‹ werden. Entweder mauerte man
ihn mit einer gewölbten Decke zu oder deckte ihn mit starken
Bohlen ab, die dann mit Steinen und Erde aufgefüllt wurden.[210]

Aufgrund der geringen Tiefe der erzführenden Gänge und
der damit verbundenen, vorwiegend kleinteiligen Betriebsstruk-
tur mittels Eigenlöhnern und kleinen bis kleinsten Gewerkschaften war auf dem Roten Berg und überhaupt in der Orlasenke
der sogenannte ›Duckel- oder Pingenbergbau‹ weit verbreitet,
eine primitive, aber – wo dies möglich war – auch effektive Art
der Gewinnung, wie sie schon in keltischer Zeit bekannt war.
Dabei wurden senkrechte Schächte in den Felsen nach unten

bis zu den erzführenden Schichten getrieben und diese auf der Sohle durch Unterhöhlung der Seitenwände abgebaut.[211] »Den Abraum schüttete man ringförmig um den Schacht auf. So entstand eine trichterförmige Vertiefung – die ›Pinge‹. Man konnte das Erzvorkommen weitgehend ausbeuten, wenn man einen Schacht neben den anderen anlegte.

Die Schächte wurden später wieder verfüllt bzw. stürzten in sich zusammen, die trichterförmigen Löcher blieben erhalten. ... Zumeist sind es runde Löcher mit einem Durchmesser von 8 bis 12 m und einer Tiefe von 0,5 bis 2,5 m.«[212]

Die Bergleuten arbeiteten oft alleine oder in kleinen Zusammenschlüssen von 2-4 Mann. Dabei waren sie auf die Mithilfe ihrer Familie angewiesen. Während also der Vater und vielleicht noch der Sohn einfuhr, blieb die Mutter über Tage, drehte die Förderhaspel mit den hölzernen Hörnern, sortierte zusammen mit den Kindern das geförderte Erz vom Nebengestein und las die verschiedenen Erzarten aus – stets darauf achtend, daß nicht etwa eines der Kleinkinder auf einem Stück grünen und daher ansprechend wirkenden Kupferkieses herumlutschte und sich so eine Vergiftung zuzog.[213]

»Die Arbeit im Bergwerk war schwer, gefährlich und gesundheitsschädlich.«[214] Wenn auch die Behauptung fortschrittsideologischer Historiker, die Menschen früherer Zeitalter wären im Schnitt nicht älter als 40 Jahre alt geworden, nicht wirklich real ist, so war dieser Befund für die bestimmte Gewerke, so die Arbeit unter Tage, doch mehr als zu treffend, starben doch viele Bergleute durch Unfälle oder an der sogenannten ›Bergsucht‹ bzw. waren schon mit 35 Jahren regelrecht vergreist.

Warum die Bergleute ein solches Leben auf sich nahmen? Zum einem hatten sie, anders als jenes vornehmlich ab dem 18. Jahrhundert stark anwachsende Heer völlig verarmter Menschen, immer noch ein, wenn oft auch geringes Auskommen und konnten Art und Geschwindigkeit ihrer Arbeit noch selber [mit]bestimmen. Zum anderen bestand zu jeder Zeit die Möglichkeit, endlich fündig und damit reich zu werden. Wer einmal so etwas erlebt hatte, und wenn auch nur mit kaum über Hundert Talern Gewinn, der blieb auch später ›erzhöffig‹. Legenden transporten den Glauben fort, wie etwa die Sage von den glückbringenden Mäusen: Danach lebte in Großkamsdorf einmal ein Bergmann, der auf eigene Rechnung arbeitete. Auf solche Weise hatte er sein und seiner Frau ganzes Vermögen in den Schacht verbaut, bisher aber nichts gefunden. Er verzweifelte mehr und mehr. Und wie es nicht schlimmer mehr kommen konnte, schleppten Mäuse dem vielgeplagten Manne auch noch das Grubenlicht weg. Wenn er nur wenigstens das wieder hätte! Halb aus Ärger halb aus Rache grub er emsig nach der Spur der diebischen Mäuse und fand dadurch einen Erzgang, den in seinem Reichtum noch keiner auf dem ganzen Bergrevier gehabt hatte.[215]

Aufgrund beständiger Konjunkturschwankungen im Bergbau lebten viele Bergarbeiterfamilien regelmäßig in **Armut**. Besonders nach den Napoleonischen Kriegen war der Bergbau ›sehr eingesunken‹. Als nach dem Übertritt des Gebietes von Kursachsen an Preußen 1815 das Bergbauwesen um Kamsdorf neu geordnet und sich die Goßwitzer Betriebe 1816 zum Oberen und die Großkamsdorfer 1817 zum Unteren Revier zusammenschlossen, wurden zwar Institutionen geschaffen, die die größte Not linderten, dennoch gab es »nach einem Bericht des Landrates des Preußischen Kreises Ziegenrück von 1835« etwa in Goßwitz »nur wenige in der Landwirtschaft tätige Familien, hauptsächlich Kleinhäusler und sogenannte Haldenbauern, die unter ungünstigen Bedingungen ihren Lebensunterhalt sichern«[216] würden.[217] Besonders auf dem Höhepunkt der Pauperisierung in den 1840er-Jahren wurde es für diese Kleinhäusler existenziell, denn »es herrschte weit und breit Hungersnot und große Teuerung, es musste extra eine Brotbäckerei für Arme eingerichtet werden. Bis Ende 1849 hatten ca. 150 Personen Goßwitz verlassen und anderswo Arbeit gesucht, der größte Teil der Goßwitzer war an den Bettelstab gebracht worden und auch diejenigen, die noch beschäftigt waren, mussten zum Teil auch noch auf die Wanderschaft.«[218] Auch in der Zweiten Hälfte des 19. Jahrhunderts gehörte der Rote Berg zu den Notstandsgebieten Ostthüringens. Noch im Jahre 1890 heißt es in einer Darstellung der preußischen Provinzialregierung in: Magdeburg: »Die Mehrzahl der Hausväter sind fast durchgängig in dürftigen Verhältnissen lebende Bergleute und Tagelöhner mit schwankendem Verdienst, von denen die Steuern nur in kleinen Teilbeträgen an den Lohntagen, vielfach erst im Exekutionsverfahren, in vielen Fällen auch gar nicht zu erlangen sind.«[219] Wie es noch heute im Bürgerlichen Gesetzbuch verzeichnet steht, durfte die oft einzige Milchziege ja nicht gepfändet werden.

Eine Stabilisierung der Beschäftigungs- und Lebensverhältnisse der Kleinhäusler vom Roten Berg setzte mit dem Wechsel vom Kupfer- zum Eisenerzbau, insbesondere nach Errichtung der nahen Maxhütte [1873] und der sie begleitenden Industriezweige ein. Goßwitz und die beiden Kamsdorf avancierten zu Arbeiterwohnsitzgemeinden und wurden – infolge der damit verbundenen infrastrukturellen und kulturellen Einrichtungen – selbst für Auspendler nach Saalfeld attraktiv. So konnte Goßwitz, wo im Jahre 1905 80% der Einwohner dem Arbeiterstand angehörten, von denen wiederum 70% im Bergbau tätig waren, seine Einwohnerzahl von 360 [1819] auf 1.050 [1939] erhöhen. Bezogen auf Großkamsdorf betrug die Bevölkerungszunahme zwischen 1867 [486] und 1933 [958] mehr als 100%, während Kleinkamsdorf zwischen 1925 und 1939 von 256 auf 1.108 Einwohner anwuchs. 1950 wurden Goßwitz und Bucha sowie Groß- und Kleinkamsdorf zu je einer Gemeinde vereinigt – letztere zu einer der größten im Bezirk.

Inzwischen ist der Bergmann aus dem Leben unserer engeren Heimat verschwunden. »Lange Zeit war er ... besonders bei Festlichkeiten und beim sonntäglichen Kirchgang eine markante Erscheinung gewesen. Mit Tschako, schwarzem Wams mit silbernen Knöpfen, weißen Kniehosen und Spangenschuhen schritt er durch die Gassen.«[220] Sein Aufzug erregte allgemeine Bewunderung, seine Feste und Umzüge waren im Dorfleben fest integriert.

*Das ›Untere‹ Bergbaurevier um Großkamsdorf [1551-1957]*

In seiner Darstellung ›Erzlagerstätten der Umgebung von Kamsdorf‹ schreibt der Forscher F. Beyschlag, daß der Bergbau auf Eisenstein bei Kamsdorf erst gegen Mitte des 16. Jahrhunderts begonnen habe. Aus dieser Zeit stammt auch die früheste Nennung der Lagerstätten des Kamsdorfer Reviers durch Thüringens ältesten Geognosten und Mineralogen Christopherus Encelius aus Saalfeld [1551]. Die Entstehung der Erzvorkommen im Revier steht an anderer Stelle schon beschrieben. Rekapitulierend sei gesagt, daß ebenso wie die im Westteil des Roten Berges vermehrt vorkommenden Erze des Kobalt und Nickel in der unteren sowie des Kupfers und Silbers in der oberen Erzteufe auch die in östlichen Teil des Roten Berges vermehrt vorkommenden Eisen-Mangan-Erze an Verwerfungsspalten gebunden waren, die die älteren Schichten des Zechstein [Werra-Serie] durchsetzten. Dort bildeten sich flözförmige Vorkommen, nachdem die Schichten des Zechsteinkalk beiderseits der Verwerfungsspalten durch Stoffaustausch (Metasomatose) in – wie der Bergmann sagt – ›Reicherz‹ [mit Eisengehalten von mindestens 15%] verwandelt worden waren. Seitwärts von den Gängen gehen sie stufenweise in schwächer vererzten Kalkstein [Braunstein II] und danach in unvererzten Kalkstein [Braun III] bzw. Dolomit über. Ihr Name ›Braun‹ rührt daher, weil der ursprünglich graue Eisenspat [Siderit] durch Oxidation in Brauneisenstein verwandelt worden ist. Wie wir bereits hörten, weist das auf dem Roten Berg vorkommende Eisenerz gerade zwischen Großkamsdorf und Könitz, in einer Elipse von gut einem Quadratkilometer mit 80%[!] der Gesamtvorkommen seine größte Akkumulation auf. Über 2 Mio. Tonnen hochwertigen Eisenerzes sind ehedem hier konzentriert gewesen.[221]

»Die geringe Teufe unter Tage, in welcher die Kamsdorfer Erzablagerungen sich befinden, hat die Aufsuchung, das Findigwerden und die Gewinnung der Erze unterstützt und eine gedeihliche Entwicklung dieses altehrwürdigen Bergbaues ermöglicht. Dennoch hat der Kamsdorfer Bergbau nicht allezeit in Blüte gestanden, er ist sogar zeitweilig zum Erliegen gekommen. Der Grund dafür lag in der Leichtigkeit des Findigwerdens der Erze, wodurch das Bergwerkseigentum in viele, für einen rationellen und nachhaltigen Betrieb zu kleine Teile zersplitterte wurde. Mittellose Eigentümer eröffneten kleine Betriebe und bildeten auch kleine Gewerkschaften.«[222] Obwohl aus betriebswirtschaftlicher Perspektive als ineffektiv und aufschwunghemmend eingestuft, ermöglichte diese Art des Bergbaus selbst den ›kleinen Leuten‹ bedingte Selbstständigkeit und damit etwa gegenüber dem rein lohnabhängigen Grubenarbeiter auch ein gewisses Maß an Selbstbewußtsein, und auf diese Art konnten die für die Erzablagerungen in Thüringen so typischen kleinen, ja kleinsten Vorkommen angegangen und ausgebeutet und so auch die östlichen und südlichen Randgebiete des Saalfeld-Könitzer Erzfeldes, etwa in Preßwitz, Saathal Wilhelmsdorf und Gössitz mit erfaßt werden. Zudem muteten Kamsdorfer und Könitzer Bergleute auch Gruben in so entfernten Gebieten wie dem Pößnecker und Neustädter Revier.

Über den Großkamsdorfer Bergbau im 16. und 17. Jahrhundert finden wir kaum Information. Erst ab 1705 ist der Abbau von Eisen meist durch Eigenlöhnerbetriebe nachweisbar. Ein Aufschwung des Kupfererzabbaus im Reviere erfolgte gegen Ende des 17. Jahrhunderts, als Herzog Moritz Wilhelm von Sachsen-Zeitz [reg. 1681-1718], zu dessen stark zerstreuten Gebiet damals auch der Neustädter Kreis mit gehörte, das Montanwesen dort enorm förderte. Da im Kreise keine Kupferhütte bestand, hatte man das geförderte Erz bislang zur Kupferhütte nach Leutenberg ins Schwarzburgische transportiert. Damit aber nach der damals vorherrschenden merkantilistischen Wirtschaftsideologie ›nicht mehr so viel Geld aus dem Lande getragen würde‹, ließ der Herzog Ende 1692 in Stanau nördlich von Neustadt am Rande der Heidewälder eine Kupferhütte mit 2 Schmelzöfen, 1 Garherd und 6 Blasebälgen errichten, die durch 2 Wasserräder angetrieben wurden.

Ab 1693 dann wurde sämtliches, in den Kamsdorf-Goßwitzer Gruben gewonnenes Kupfererz meist von umwohnenden Bauern mit ihren Fuhrwerken ins 30 km entfernte Stanau gefahren und später, nachdem man 1793 einen Kupferhammer an der Orla bei Neunhofen in Betrieb genommen hatte, das fertige Garkupfer auf dem Rückweg zu diesem Hammer gebracht, wo man Bleche, Kessel und Pfannen daraus schmiedete. Als Spannvieh für diese Erzfuhren dienten nicht nur Pferde, sondern meist Ochsen, deren Hufe der langen Strecke halber beschlagen waren. Mit je 20-25 Zentnern Ladung zogen sie dabei meist auf der Hohen Straße den Höhenkamm der Orlasenke entlang über die Bankschenke und Weira in den Mühlengrund der Orla und von da auf der sogenannten ›Kupferstraße‹ über Neunhofen und Sorga nach Stanau. Eine zweite Route führte über Ranis, Wernburg und Bodelwitz. Auf der Kupferstraße selbst waren auch erzbeladene Handkarren unterwegs, gezogen und geschoben von je zwei Kleinstfuhrunternehmern, die die mehr als 10 km lange Strecke zweimal am Tag zurückzulegen mußten, und dafür jedesmal gerade zwei Groschen Lohn erhielten. 1694 wurde die Stanauer Hütte mit 226 Fuhren und 5.074 Zentnern Erz aus 15 Gruben im Amte Arnshaugk beliefert. Den größten Anteil daran hatte die Großkamsdorfer Grube ›Neue Hoffnung‹ auf dem Ziegenberg, die allein im September 1693 drei Fuhren mit 64 Zentnern Kupfererz einlieferte.[223] Integriert in dieses System waren auch die Eisenhütten im Thüringer Wald, so in Lichte, Suhl, Steinach, Mehlis, Zella, ja sogar in Schmalkalden, die von hier aus über den Rennsteig hinweg bis 1867 ebenfalls mit Erz beliefert wurden.

Die in Kamsdorf beginnende, schon im 16. Jahrhundert als solche bezeichnete ›Eisenstraße‹ kam so zu ihrem Namen. Obwohl die Exklave Suhl-Schmalkalden damals ebenfalls zum Herzogtum Sachsen-Zeitz gehörte, folgte der Transport über so weite Strecken weniger merkantilistischen als technischen Notwendigkeiten, da die Betriebe dort bei der Verhüttung kalk- und manganhaltiges Eisenerz zusetzen mußten, um die Quali-

tät ihrer sauren Thüringer-Wald-Erze zu verbessern. Aus dem Grund belieferten die Kamsdorfer Gruben auch Verhüttungsbetriebe im Schwarza-, Loquitz-, Sormitz und Oberen Saaletal, also überall dort, wo phosporhaltige Silureisenvorkommen verhüttet werden mußten, die des Brauneisensteins als Zuschlagmittel bedurften.[224] »Der Verlauf der Eisenstraße im Bereich des Roten Berges ist heute noch an alten Hohlwegen erkennbar; Name und Streckenführung sind auf dem Historischen Messtischblatt von Saalfeld (Bl. 5334) ausgewiesen.«[225]
Nach dem Tod Herzog Moritz-Wilhelms von Sachsen-Zeitz und dem Anheimfall seines Landes an Kursachsen im Jahre 1718 wurde das bislang in Arnshaugk befindliche **Bergamt** des Neustädter Kreises nach Großkamsdorf und zwar in das sogenannte ›Anschnitthaus‹ auf dem Ziegenberg verlegt, weil dort der intensivere Bergbau umging. Das geschah noch unter dem Bergmeister Parey. 1760 kam es zu einem Neubau des Amtsgebäudes, das gleichzeitig die Wohnung des Bergmeisters enthielt, bei der Großkamsdorfer Kirche neben dem Gebäude der ›**Alten Post**‹, auf dem heutigen Bergamtsplatz Nr. 1. Das zweigeschossige fünfachsige Gebäude mit einfachem Mittelrisalit und Krüppelwalmdach stand noch zu Beginn der 1930er-Jahre, bis ein Wohnneubau es ersetzte. Bedeutendster Bergmeister wurde Johann Gottlob Gläser [1721- 1802]. Ihm folgte von 1801 bis 1836 Georg Wilhelm Lindig [1779-1852], dessen Enkel Christian Carl Lindig 1847 den Titel ›Bergrath‹ verliehen bekam und als letzter Bergmeister des 1853 aufgelösten Kamsdorfer Bergamtes fungierte.[226]

Mit der wachsenden Nachfrage erhöhte sich im Verlaufe des 18. Jahrhunderts der technische Aufwand im Kamsdorfer Revier immer mehr. Die Grubengebäude mußten tiefer und weitläufiger gestaltet werden, was die Wasserhaltung dementsprechend erschwerte. Um die nötigen Geldmittel dafür flüssig zu machen, mußten Gewerkschaften gegründet werden. Ein volles Gewerke bestand aus 128 Kuxen.
Mit dem Erwerb einer Kux hatte man Anteil am Gewinn, mußte aber, wenn das Bergwerk unrentabel arbeitete, dann

auch entsprechende Zubußen leisten. Das Bergamt stellte den Lehensschein aus, auf dem die Lage und die genaue Größe des Grubenfeldes festgelegt war. Auch Staat und Gemeinde beteiligten sich oft am Bau. Eine Freikux, die frei von Zubußen waren, erhielt in der Regel die Ortskirche bzw. ein Hospital oder Armenhaus im Bezirk. Die Hauptanteile an diesen Gewerkschaften hatten allerdings nicht die Steiger und Hauer, sondern vornehmlich die Geldgeber aus dem verarbeiteten Gewerken bzw. dem Handel wie Hammerbesitzer und Fernkaufleute. Auch Bergmeister, Adlige, Pfarrherren und andere angesehene Persönlichkeiten hielten solche Kuxen. Auf dieser Grundlage kam es in der Mitte des 18. Jahrhunderts zur gemeinschaftlichen Anlage zweier, noch heute zur Wasserlosung dienender Stollen auf dem Ziegenberg und zwar des ›Neuhoffnunger-‹ und ›Treuer-Gewerken-Verbindlichkeitsstollen‹, wodurch der Bergbau in Großkamsdorf wieder einen bedeutenden Aufschwung nahm. Den Kupferkontrakt, also das Vorkaufsrecht an Garkupfer, übertrug man an den Hauptanteilseigner einer solchen Gewerkschaft, den Leipziger Großkaufmann Johann Wilhelm Dinkler, wodurch die ›Dinklerzeche‹ zwischen Großkamsdorf und Könitz zu ihrem Namen kam. Infolge ihrer reichen Fundausbeute 1742 verlagerte sich nicht nur der Kupfererzabbau zunehmend an den Ostrand des Roten Berges, sondern es kam auch andernorts zu Wiederbelebungen, die an diesen Erfolg anzuknüpfen hofften. Bis zum Niedergang des Großkamsdorfer Bergbaus im späten 18. Jahrhundert waren 26 Gruben in Betrieb. Zwischen 1715 und 1815 sind in der kursächsischen Exklave insgesamt 167.734 Tonnen Eisenerz und 6.013 Tonnen Kupfererz gefördert worden.

Bis zur Mitte des 18. Jahrhunderts war Großkamsdorf zu einem relativ großen Bauern- und Bergarbeiterdorf mit 35/36 Haushalten [1744] avanciert. Das gesellschaftliche dörfliche Leben hatte sich inzwischen über den Dorfanger und die Kirche hinaus verlagert und auf dem Bergamtsplatz, auf dem Ziegenberg und am Zollhaus weitere Kulminationspunkte gefunden.[227]

*Die ›Vereinigten Reviere Kamsdorf‹ [1835-1867]*
Neue Zeiten brachen 1815 mit der Annexion von zwei Dritteln des Königreichs Sachsen [ab 1806] durch das Königreich Preußen herein. Als letzteres kurze Zeit später einen Teil seiner Beute in Gestalt des Neustädter Kreises u.a. an das Großherzogtum Sachsen-Weimar-Eisenach abtreten sollte, setzte sich der königlich-preußische Berghauptmann Werner von Veltheim dafür ein, daß die Hütten des damals gleichfalls mit an Preußen gefallenen, späteren Kreises Schleusingen, nicht von ihren Bezugsquellen an kalkigem Brauneisenstein abgeschnitten würden, worauf man sich darauf einigte, daß Ziegenrück und Ranis mit Kamsdorf bei Preußen verbleiben und Weimar im Austausch dafür Allstedt erhalten sollte. Daraufhin wurde das Kamsdorf-Goßwitzer Revier unter Aufsicht des Oberbergamtes Halle/Saale gestellt. Von Veltheim war ein äußerst fähiger Organisator. Konsequent setzte er die Zusammenfassung der Gruben im Revier zu jeweils einheitlichen Betrieben durch, was dazu führte, daß sich der kombinierte Bergbau auf Eisen und Buntmetalle in der Folge stetig vergrößerte. Nachdem die Goßwitzer Gruben am 7. Dezember 1816 zu der Gewerkschaft ›Oberes Revier‹ konsolidiert worden waren, vereinigten sich die von Großkamsdorf am 3. Februar 1817 zum ›Unteren Revier‹, welches vom Oberbergamt am 10. September 1817 bestätigt wurde. Auf Anregung des Bergamtes wurde im Jahre 1819 in Großkamsdorf eine **Bergschule** begründet, die auch die Bergarbeiterkinder aus dem Oberen Revier besuchten.

Indem diese Schule weit über dem Niveau der in Goßwitz bislang üblichen Wandelschule lag, setzte die Gemeinde durch, daß ab 1822 auch die Goßwitzer Bauern- und Häuslerkinder eingeschult wurden, bis der Ort 1839 endlich ein eigenes Schulhaus erhielt. 1822 entstand für beide Gesellschaften östlich des Zollhauses direkt an der Flurgrenze zwischen Großkamsdorf und Goßwitz ein gemeinsames **Revierhaus.**

In dem nach erzgebirgischem Vorbild auf kreuzförmigem Grundriß errichteten klassischen Huthaus mit Mittelrisalit, Dreiecksgiebel und Dachreiter wurden die Gewerkschaftsversammlungen abgehalten. Auch trafen sich die Bergleute hier vor der Schicht zu einer kleinen Andacht und auch nach der Arbeit zum Abzählen, um sicherzustellen, daß niemand im Berge vermißt war.[228]

»Zum Revierhaus gehörte auch eine **Bergschmiede** und eine **Zimmereiwerkstatt**, später eine Schreibstube und eine Steigerwohnung. Dem Revierhaus gegenüber stand ein **Getreidemagazin**, wo man bei Teuerung das gewerkschaftlich angekaufte Brotgetreide einlagerte und zum Einkaufspreis an die Bergleute abgab. Später wurde es ein Wohnhaus. 1831 stellte die Königliche Bergwerkskommission fest, ›dass es den Gruben obliegt, die in ihrem Dienst beschäftigten, krank gewordenen Bergleute herstellen zu lassen, denselben Krankenlohn zu erteilen und Bergmannswitwen und Waisen angemessen zu unterstützen. Die **Knappschaftskasse** hat auch die Kurkosten zu bestreiten.‹«[229] Dazu zahlten die Kamsdorfer Bergwerksbesitzer Beiträge an eine bestehende Bergbauhilfskasse. Ein Teil der Gelder diente zur Hebung und Förderung des Bergbaus, ein anderer zur Unterstützung von in Not geratenen Bergwerksbesitzern, aber auch Bergarbeiterfamilien, denen unverzinsliche Darlehen gewährt wurden. Zur Traditionspflege wurde auf Vorschlag des Bergamtes am 17. Juli 1833 ein Bergmusikchor [Blaskapelle] und darauf noch ein knappschaftlicher Gesangsverein gegründet, der sich um 1835 zum **Bergmännischen Musik- und Gesangsverein** zusammenschloß und von der Bergbauhilfskasse unterstützt wurde.

Er trat bei der Gestaltung von Festen in den Orten auf und führte die Knappschaftsumzüge an, denen eine von dem damaligen König Friedrich Wilhelm IV. von Preußen für Treue gegenüber König und Vaterland verliehene prachtvolle Fahne vorangetragen wurde, die den Dank dafür bildete, daß sich die Kamsdorfer Bergleute nicht an den Unruhen der Revolution von 1848 beteiligt hatten. Auch bei privaten Anlässen wie Hochzeiten und Beisetzungen durfte der Verein nicht fehlen. Die von ihm ausgehenden Bergmannsfeste mit Umzug, Konzertprogramm und Tanz am Abend bereicherten das kulturelle

Leben von Kamsdorf, Goßwitz, Bucha und Könitz ganz wesentlich. Als nach Endes des Zweiten Weltkrieges sämtliche Vereine verboten und enteignet wurden, erstand der Verein nicht wieder, und die Kulturgruppen der Maxhütte integrierten Elemente der Bergbautradition in ihre Arbeit.[230]

Zu den ersten großen Projekten der beiden Gewerkschaften zählte die Wiedereröffnung der ›Fünf-Brüder-Zeche‹ in Goßwitz, deren reichen Kupferkiesvorkommen 1822 zum Bau einer eigenen Schmelzhütte mit Pochwerk im Wutschental führten sowie die Weiterführung des tiefer liegenden ›Romanusstollens‹ als ›Veltheimstollen‹ zur Aufsuchung von neuen Erzgänge unter der Kleinkamsdorfer Flur hindurch bis zur Kaulsdorfer Reviergrenze. »Auf Rechnung des ›Unteren Reviers‹ (Großkamsdorf) wurden 1831 die Zechen ›Vorsorge Gottes‹ und ›Dorothea‹ und sowie 1834 die Zeche ›Gott hilft gewiß‹ erworben und mit demselben verbunden. Um die Felder beider Reviere besser verwalten zu können, ist ein großer Teil derselben im Jahre 1832 ins Freie gegeben, dagegen ein zusammenhängendes geviertes Feld gemutet, dasselbe später durch Zumutungen auch noch mehr erweitert worden.«[231] Infolge reicher Funde verlagerte sich der Abbau in das ›Untere Revier‹, und der Großkamsdorfer Anteil am Bergbau in der Exklave stieg auf etwa 70% an. So konnte die Gesellschaft des ›Unteren Reviers‹, nachdem die ›Fünf-Brüder-Zeche‹ erschöpft war, am 9. November 1835 die Anteile des ›Oberen Reviers‹ aufkaufen und so – nach bergbauamtlichem Genehmigungsdekret vom 12. November 1836 – die ›Vereinigten Reviere Kamsdorf‹ begründen.[232] Nicht alle Bergwerksbesitzer waren daran beteiligt, so erwähnt die preußische Zeitschrift für Berg-, Hütten- und Salinenwesen [1900] für das Jahr 1859 17 Kupfererzgruben im Revier, unter denen sich nur drei vereinigte Reviere [›Amalie Auguste‹, ›Treue Freundschaft‹ bei Kamsdorf sowie eine Mutung bei Gössitz] befanden.[233]
Die Kupfergewinnung im Kamsdorf-Goßwitzer Revier schwankte ab der preußischen Zeit zwischen 60 und 100 t im Jahr, sank von 1830 bis 1833 auch einmal unter 60 t, hatte aber wäh-

rend dieser Zeit einen erhöhten Silberanteil, wobei etwa im Jahre 1830 96 kg reines Silber gewonnen werden konnten. Nickel wurde bei Kamsdorf auf dem ›Kronprinz‹ gefunden, aber auf Halde geworfen. Insgesamt hat man im Revier zwischen 1816 und 1867 12.786 t Kupfererze im Wert von 1.594.161 Mark gefördert, wobei die Kupfer- und Silbererzgewinnung einen jährlichen Gewinn von mehr als 12.000 Thl. an Aktiva eintrug, die Eisenerzproduktion dagegen brachte bei einer Förderung von insgesamt 814.000 t in diesem Zeitraum jährlich weit unter 8.000 Thl. ein.[234] Der Anteil von Kupfer und Silber an der Gesamtförderung ging nach 1845 zunehmend zurück, dafür gewann der Eisenerzbergbau noch einmal kurzfristig an Bedeutung. Obwohl im Jahre 1857 mit 15.473 Tonnen die höchste Fördermenge erreicht wurde, ging dessen ungeachtet die Bedeutung des Kamsdorf-Goßwitzer Reviers zurück, was 1853 sogar die Vereinigung des Henneberg-Neustädtischen Bergamtes zu Großkamsdorf mit dem Bergamt von Eisleben rechtfertigte. Längst bestanden Absatzschwierigkeiten. »Die seit altersher mit Holzkohle betriebenen Thüringer Eisenhütten zeigten sich der Konkurrenz oberschlesischer und rheinisch-westfälischer Hüttenwerke, die nach englischem Vorbild ihre Hochöfen mit Steinkohlenkoks beschickten, nicht mehr gewachsen, so dass viele aufgaben.«[235] »1866 ... waren die finanziellen Mittel der Gesellschaft ›Vereinigte Reviere‹ aufgebraucht. Der gesamte Bergbau rings um Kaulsdorf und Goßwitz mußte aufgegeben werden.«[236] Danach förderte man nur noch im Könitzer Revier geringe Mengen für die Sächsische Hüttenwerke.


### Schmelzhütte und Pochwerk

Zum Ende dieses Kapitels seien noch einige Angaben über die von den beiden Revieren gemeinsam betriebenen Verhüttungsanlagen angemerkt: Am Südwestfuß des Ziegenberges, wo der aus dem Hopfengrund kommende Wutschenbach eine Biegung vollzieht, heißt eine Häusergruppe noch heute ›das Pochwerk‹ und eine weitere, 900 m bachabwärts vor der Flurgrenze nach Kaulsdorf, ›die Schmelzhütte‹. An letzterer Stelle wurden bereits vor dem Jahre 1762 die im Kamsdorfer Revier gewonnenen Kupfererze vor ihrem Transport nach der 30 km entfernten Kupferschmelzhütte in Stanau bei Neustadt in Handarbeit aufbereitet und über ein Pochwerk – das mit einem Rad unter einem Wasserfall betrieben wurde – zerkleinert. Nach der Vereinigung der meisten Bergbauunternehmen des Kamsdorfer Reviers 1816 und 1817 zum Oberen und Unteren Revier, wurde die bisherige Schmelzhütte des Neustädter Kreises in Stanau mit Schluß des Jahres 1821 abgeworfen. Dies geschah nicht allein ihres baufälligen Zustandes oder logistischer Gründe wegen, sondern auch, weil die Hütte inzwischen auf sachsen-weimarischen Gebiet, also im Ausland lag. Dagegen wurde am 14. März 1822 auf Rechnung der beiden Kamsdorfer Reviere eine neue Kupferschmelzhütte im Wutschental eröffnet, die – wie vordem die Hütte zu Stanau – von Christlieb Ludwig Mehner geleitet wurde, der einen Teil seiner Mitarbeiter mitgebracht hatte. Auch fand – wie Roback [1841] vermerkt – das Henneberg-Neustädtsche Bergamt hier seinen neuen Standort. Zur Aufbereitung der einzuschmelzenden Erze wurde bachaufwärts das besagte Pochwerk errichtet. Obwohl der neuangelegte Schmelzhüttenteich noch Zufluß aus drei Mundstollen erhielt, war das Wasseraufkommen für das, die Blasebälge der Hütte bedienende Wassertriebwerk doch recht begrenzt. So besaßen Schmelzhütte wie Pochwerk, »je ein relativ großes Wasserrad, die allerdings zur Sicherung des Winterbetriebes in Radgehäuse untergebracht waren. Das Wasserrad der Schmelzhütte maß im Durchmesser ca. 10 m.«[237] Aufgrund des hohen Gefälles des Wutschenbaches von im Schnitt 32 m/km konnte das oberschlächtige Wasserrad durch eine entsprechende Mühlgrabenführung am Hang entlang ohne großen baulichen Aufwand in Betrieb gesetzt werden.

Hohe Verhüttungskosten, niedrige Kupferpreise sowie rückläufige Kupfererzanbrüche in den Gruben leiteten schon nach wenigen Jahrzehnten den Niedergang der 1832 vereinigten Ka Die Werksgemsdorfer Reviere ein. Nach einem trockenen

Sommer im Jahre 1866, als die beiden Wassertriebwerke der Schmelzhütte und des Pochwerks über ein Vierteljahr lang stillstehen mußten, war die Gesellschaft am Ende und mußte 1867 Konkurs anmelden. Die Gebäude – darunter das große Fachwerkhaus mit dem Schmelzofen – erfuhren eine Umnutzung. Die Namen aber blieben weiter an den beiden Anwesen haften und halten die Erinnerung an dieses Stück Montangeschichte in unserer Region am Leben. Die Schlackenhalde neben dem Anwesen und der Verlauf der Wasserrinne sind noch gut zu erkennen.[238]

*Die Kamsdorfer Gruben unter der Ägide der Maxhütte*
Ein Wiederaufschwung und eine Neuorganisation des Kamsdorfer Reviers folgte, nachdem die Eisenwerkgesellschaft Maximilianshütte in Sulzbach-Rosenberg um 1868 die Bergrechte der ›Vereinigten Reviere‹ für 71.000 Gulden erwarb und an Anteilen zusammenkaufte, was im Umfeld zu erlangen war. Die Großkamsdorfer Kirchgemeinde erhielt dabei eine Freikux, die 1906 für 1.200 Mark abgelöst wurde.[239] Die 1873 im nahen Röblitz erbaute erste Hochofenanlage, »das 1877 in Betrieb genommene damals hochmoderne Bessemer-Stahlwerk und das 1880 eröffnete Blockwalzwerk stellten die Konkurrenzfähigkeit wieder her.

Die 1871 eröffnete Eisenbahnlinie Gera–Saalfeld–Eichicht schuf die Voraussetzung für die kostengünstige Anfuhr von Steinkohlenkoks und den Abtransport der Fertigprodukte.«[240]

Für den Betrieb der neuen Maxhütte waren jährlich rund 50.000 t hochwertiges Eisenerz erforderlich. 1882 betrug die Fördermenge sogar einmal 173.000 t. Neben der Befahrung von Stollen kleinerer Schächte, wo noch um das Jahr 1900 mittels Karren und Handhaspel gefördert wurde, entstanden bald leistungsfähigere Schachtanlagen mit Loren und Dampffördermaschinen. Der Transport des Fördergutes von den Gruben nach der Hütte erfolgte anfänglich über Pferdegespanne.

Der Bau einer **Grubenbahn** verzögerte sich, weil die in den Bau involvierten Behörden von zwei Staaten noch keine

Erfahrung mit der Genehmigung von Schmalspurbahnen besaßen. So durfte auf der Trasse der 1877 ins Leben gerufenen Erzbahn nur mit 11,25 km/h gefahren werden. Die Lokomotiven, im Volksmund liebevoll ›Hexe‹ genannt, kamen aus München von der Firma Maffey. Je nachdem, welche Grube gerade hauptsächlich befahren wurde, mußte die meist von der Maxhütte nach Großkamsdorf verlaufende Streckenführung wiederholt angepaßt und erweitert werden. Zuletzt war die wegen ihrer veralteten Technik ›Alte Oma‹ genannte Erzbahn nur noch zwischen dem Tagebau Kamsdorf und der Maxhütte unterwegs, bis sie nach der Eröffnung einer Förderbrücke mit Bahnanschluß zur Reichsbahn 1967 stillgelegt wurde. Weder eine der kleinen Dampflokomotiven noch einer der 5 t bzw. 10 t Ladung fassenden Waggons blieben erhalten. Teile der ehemaligen Bahntrasse lassen sich als verbuschte Streifen zwischen den landwirtschaftlichen Großschlägen noch heute gut ausmachen.[241]

»Die Schichtzeit der Bergleute betrug bis zum Jahre 1886 zwölf Stunden, sonnabends acht Stunden mit einer einstündigen bzw. eineinhalbstündigen Mittagspause. Von 1886 an wurde die zehnstündige Schicht eingeführt. Sonnabends betrug diese acht Stunden. Die Frühstückspause betrug an fünf Tagen der Woche je eine Stunde, Sonnabends eine halbe Stunde.«[242] Bis zu Beginn des Zweiten Weltkriegs sank die Schichtzeit auf neun Stunden einschließlich ½ Stunde Frühstückspause und je ¼ Stunde für den Zu- und Abgangsweg.

Die erste Phase, der von der Maxhütte betriebenen Kamsdorfer Gruben endete mit der Erschöpfung der Vorkommen an hochwertigem Brauneisenstein in den 1890er-Jahren, worauf die Maxhütte die Herstellung von Spiegel- und Bessemer-Eisen einschränken und die Produktion auf das Thomasverfahren umstellen mußte, wodurch auch phosporhaltiges Silureisenerz aus dem Thüringer Wald verhüttet werden konnte, freilich bei entsprechendem Zuschlag kalkhaltiger Manganerze, die als schwächer vererzte Brauneisensteine mit Eisengehalten von unter 15% im Kamsdorfer Revier mehr als reichlich anstanden. Nach dem Erwerb entsprechender Chamositerz-Vorkommen bei Schmiedefeld und der Eröffnung der Bahnverbindung zwischen Probstzella und Taubenbach bei Schmiedefeld im Jahre 1898 konnte der volle Betrieb der dortigen Gruben aufgenommen werden. Seither wurden, vornehmlich auf Goßwitzer Flur, außer in den Krisenjahren 1902/03, alljährlich etwa 100.000 t Braun II abgebaut. Die nach der Abwanderung zahlreicher Bergleute nach Schmiedefeld zurückgegangene Belegschaft der Kamsdorfer Gruben stieg bis zum Jahr 1900 wieder auf über 300 Mann an. Nach dem technischen Standard jener Zeit ließ die Maxhütte u.a. 1904 beim Zollhaus den ›Himmelfahrt-Ersatzschacht‹ und 1912 bei Goßwitz den Schacht ›Luise‹ abteufen und richtete dort die für das Kamsdorfer Revier typischen Kammerpfeilerabbaue ein. Im Jahre 1914 – als in den Gruben endlich Karbidlampen eingesetzt wurden – waren noch 248 Bergleute im Revier beschäftigt. Aus Rohstoffmangel während des Ersten Weltkrieges nahm man 1917 die Kupfererzgewinnung kurzzeitig wieder auf, worauf bis 1921 1.627 t Kupfererz mit durchschnittlich 14% Erzgehalt im Wert von *355.719 ℳ* gefördert und an die Freiberger Hütte verkauft wurde. Die Förderkosten allerdings beliefen sich auf *353.952 ℳ*, so daß nur ein geringer Überschuß von *1.766 ℳ* verblieb.[243]

Nachdem ab 1917 das Bohren der Sprenglöcher mit Luftbohrhämmern möglich wurde, ging die Belegschaft um ein Viertel zurück. Zudem konnte man sich jetzt effektiv auf den Tagebau verlegen, wo im Gegensatz zum Untertage-Abbau nicht mehr 30-40% des Erzes in den Stützpfeilern verbleiben mußte. So wurde 1924 ein erster Tagebau am ›Ernstschacht‹ begonnen. Während der Krisenjahre 1924 bis 1927 und 1931 bis 1934 ging die Förderung erneut zurück. Die Belegschaft mußte Feierschichten einlegen und es kam zu Entlassungen, worauf viele Bergleute in andere Gebiete, etwa ins Mansfeldische, nach Staßfurt und in die Braunkohlengebiete auswanderten oder sich in den nahe gelegenen Schieferbrüchen im Loquitztal und bei Lehesten eine neue Beschäftigung suchten.

Erst die Autarkie- und Rüstungsbestrebungen während der
NS-Zeit belebten auch das Montanwesen wieder.

Die Belegschaft der Kamsdorfer Gruben wuchs auf 160 Mann.
Die Eisenerzförderung von Braun I und Braun II stieg von
27.245 t (1933/34) über 83.256 t (1934/35), 147.767 t (1935/
36) und 201.854 t (1936/37) bis auf 250.000 t im Spitzenjahr
1943 an und betrug trotz der Einschränkungen durch den Bau
des unterirdischen Reimahg-Werkes im Jahre 1944 immer noch
189.900 t bei einer Belegschaft von nur noch 120 Mann.

Ermöglicht wurde dieser beträchtliche Leistungsschub durch
enorme Modernisierung u.a. mit Seilbahnen unter Tage. Als erweiterte Rohstoffbasis für Reicherz dienten einerseits die zwischen 1928 und 1932 von der Maxhütte angekauften, östlich
an das Kamsdorfer Revier sich anschließenden Gruben, die
vordem zur Königin-Marien-Hütte Cainsdorf, den Gußstahl-
werken Döhlen und der Firma Borsig in Schlesien gehört hatten, andernseits aber die bereits 1906 am Eisenberg und bei
Unterwirbach im Wittmannsgereuther Tal erschlossenen Cha-
mosit-Eisenerze, die ab 1943 über eine Seilbahn durch das Tal
der Saale und über den Roten Berg zur Maxhütte herangeführt
wurden. Die geringvererzten kalkhaltigen Zuschlagstoffe kamen
aus einem weiteren, im Jahre 1943 eröffneten Großtagebau
bei Goßwitz sowie als unvererzter Dolomit aus einer Reihe von
Großsteinbrüchen an den Zechsteinriffen der unteren Orlasenke zwischen Krölpa und Öpitz.[244]


*Das Reimahg-Werk Großkamsdorf [1944/45]*
Infolge der in den Kamsdorfer Gruben verwendeten Abbautechnologie des Pfeilerkammerbaues waren im Zechstein zahlreiche, weitläufige, 12 m und höhere unterirdische Hohlräume
entstanden, die bald auch für die von der Luftmacht der Alli-
ierten bedrohte Rüstungsindustrie des ›Dritten Reiches‹ interessant wurden. So begann ab dem Spätsommer 1944 die
Organisation Todt [OT] damit, geeignete Bereiche für die mili-
tärische Untertageproduktion von Triebwerken für das Mes-
serschmitt-Düsenflugzeug ME 262 auszubauen. Die unter dem

Tarnnamen ›Schneehase‹ geführte Filiale des Reimahg-Werkes Großeutersdorf hatte den Namen ›Flugzeugmotorenwerk Werk E‹, auch ›Erichswerk GmbH‹. Die Zugänge erfolgten über den ›Ernstschacht‹ am südlich Ortsrand von Großkamsdorf und einem Teil des ›Ersatzschachts‹.[245] Die größten Baumaßnahmen bestanden [1] in der Auffahrung des ›Hermann-Göhring-Stollen‹ von der Kaulsdorfer Straße durch das Ernstschachtrevier bis in das Revier Ersatzschacht; [2] im Bau einer Kleinbahntrasse mit 90er-Spur, abgehend von der Bahnverbindung Eichicht–Hohenwarte, das Wutschental hinauf, über Gleise, die in die Fahrtstraße eingelassen waren, in den ›Hermann-Göhring Stollen‹ hinein, dort unterschiedliche Maschinenräume unter Tage verbindend, mit dem Ziel, diesen Fahrtstollen ab dem ›Ernstschacht‹ unterirdisch bis vor den Könitzer Bahnhof zu führen; [3] in der Auffahrung des ›Schleifschachtes‹ südlich des Revierhauses; [4] in der Vergrößerung und Ebenmachung der Schachtgehaue; [5] in einer Triebwerk-Testanlage im Tagebau des Ernstschachts; [6] in der Errichtung großer Produktionshallen im Wutschental bei Kaulsdorf und [7] in der Errichtung von Sekundär- wie auch Unterkunftsbauten für Bauarbeiter und Belegschaft.[246] Zur Unterbringung der ca. 1.550 Arbeiter, die zu zwei Dritteln Zwangsarbeiter [meist aus Polen und der Ukraine] waren, erbaute bzw. erweiterte man sieben Barackenlager, so in Kaulsdorf, Kamsdorf, Goßwitz, Könitz, Birkigt und Krölpa. Ferner wurden Schulen und Tanzsäle in Kleinkamsdorf, Kaulsdorf u.a. zur Unterbringung von je bis zu 100 Menschen in Beschlag genommen. Das Leitungspersonal dagegen kam in Privatunterkünften unter.[247]

Auf dem Roten Berg befand sich damals ein Übungsplatz für das, in Saalfeld stationierte Militär mit Sturmbahnen, Schützengräben u.a. Auch standen dort sogenannte ›Irrlichter‹, die Industrieanlagen vortäuschen sollten, um Luftangriffe von der Maxhütte abzuwenden. Ein unterirdischer Bunker zum Schutz der Zivilbevölkerung lag nahe des Eingangs zum ›Hermann Göhring-Stollen‹ im Großkamsdorfer Flurteil ›Grätz‹.

Als am 9. April 1945 von Saalfeld her dichte schwarze Rauchschwaden den Roten Berg einhüllten, erfuhr man bald, daß ein schwerer Bombenangriff auf das östliche Industriegebiet vor der Stadt 187 Menschenleben gefordert und den Bahnverkehr zum Erliegen gebracht hatte. Auch jene Reihen von Holzkreuzen auf den umliegenden Friedhöfen, wo durch Unfälle, Krankheiten oder an Entkräftung gestorbene Zwangsarbeiter beigesetzt wurden, verlängerten sich besonders ab Februar 1945 sprunghaft und Zahl der Toten ging am Ende in die Dutzende.[248]

»Zur konkreten Einrichtung des Werkes unter Tage sowie zum technischen Ablauf können nur Vermutungen angestellt werden. Es sollte wohl über wie unter Tage die Vorfertigung von Einzelteilen von Flugzeugmotoren erfolgen und die Serienmontage der Triebwerke Jumo 04 mit anschließendem Testlauf sowie Abtransport zur Reimahg Großeutersdorf zum Zusammenbau (Transport über Bahn).«[249] Das Werk besaß also nur zweitrangige Bedeutung. Obwohl nach 8 Monaten Bauzeit Teilbereiche durchaus schon komplett eingerichtet und produktionsbereit waren, kam die geplante Serienproduktion, nichtzuletzt aus Fachkräftemangel, bis Kriegsende nicht mehr im Gang. Das durchdringende, dumpf wummernde Geräusch, das zu Zeiten die Luft durchdrang, stammte demnach nicht vom Test der Düsentriebwerke im ›Ernstschacht‹ bei Großkamsdorf, sondern in Wahrheit von den Motoren der V-Raketen, die im 16 km entfernten Örtelsbruch bei Lehesten Probe liefen.[250]

Von den 5-6 im Wutschental projektierten großen, hölzernen **Montagehallen** blieben 2 unvollendet, während die anderen bis Kriegsende teils schon eingerichtet waren, vorherrschend mit Werkbänken und Schraubstöcken. Inzwischen sind diese Gebäude  bis auf eine, von der Witterung dunkel verfärbte, durch ihre merkwürdige Holzkonstruktion dennoch ins Auge fallende Halle abgerissen.

Angeschlossen waren die Hallen an eine 1943-1945 existierende **Kleinbahn** durch das Wutschental. Abgehend von der Kleinbahnlinie Eichicht–Hohenwarte am Fuß des Zimmersberges führte sie mit 90er-Schmalspur durch Kaulsdorf die

Straße nach Kamsdorf entlang und verschwand dann – die Gleise in einer Fahrtstraße eingelassen – in einem Stollen am Zollhaus. Der Eingang »in den Berg war durch ein großes **Schiebetor** verschließbar. Darüber stand in klotzigen Buchstaben: ›Hermann-Göhring-Straße‹. Werkzeugmaschinen der verschiedensten Art verschwanden hinter dem Tor.«[251] Dahinter verband diese unterirdische Fahrtstraße mehrere Anlagen miteinander, bis sie, so war es geplant, am Bahnhof Könitz wieder hervorkommen und den Anschluß an die Bahnstrecke herstellen sollte.[252]

Nach dem Einmarsch der Roten Armee am 1. Juli 1945 wurden die noch vorgefundenen Werksanlagen der Reimahg demontiert und am 17. August 1946 sollten die Grubenbaue gesprengt werden. Alle Anwohner im Umkreis von einigen Hundert Metern »mußten ihre Häuser verlassen, die riesige Feuersäule die bei der Sprengung zu sehen war, haben viele nicht vergessen, dem folgte ein gewaltiges Donnergrollen und der Erdboden zitterte unter den Füßen wie bei einem Erdbeben, es gelang aber nur, einen Teil der Anlagen zu zerstören.«[253] Dafür aber verursachten die Druckwellen der Explosionen im Bereich Zollhaus–Kaulsdorfer Straße–Ziegenberg erhebliche Schäden an den Häusern. Die dabei entstandenen Tageinbrüche wurden in den 1950er-Jahren verfüllt und wieder als Feld nutzbar gemacht. Die Produktionshallen im Wutschental wurden teils umgenutzt, teils abgerissen, das Barackenlager am Ausgang des Kaulsdorfer Teufelstals 1946 zu einem Kriegsheimkehrerlager umfunktioniert, bis die Gebäude am Ende abgerissen und wohl zum Wiederaufbau einzeln verkauft wurden. An die 25 auf dem Kaulsdorfer Friedhof beigesetzten Zwangsarbeiter erinnert ein 1970 dort aufgestellter Gedenkstein. Aus gleichen Gründen errichtete man für 36 auf dem Könitzer Friedhof ruhende Zwangsarbeiter einen Findling mit einer Aufschrift des Gedenkens an die Opfer des Faschismus. 1989 ließ Italien dort einen weiteren Gedenkstein für seine umgekommenen Landsleute setzen.[254]

Nach Kriegsende wurde das gesamte Kamsdorf-Goßwitzer Revier mit nur 20 Bergleuten in Stand gehalten, aber kein Erz gefördert. »Ende 1945 waren wieder 80 Arbeitskräfte in der Grube Kamsdorf beschäftigt, die aber nur eine Förderung von 1.700 t erzielen konnten. 1946 benötigte die Maxhütte wieder 102.000 t Braun II als Zuschlagstoff für die Hochofenproduktion. Dieser Bedarf stieg bis 1961 auf 600.000 t an,«[255] wurde aber zunehmend aus den Goßwitzer Tagebauen an der ›Sommerleite‹ [bis 1952] und im ›Lindig‹ [bis 1953] sowie aus dem Tagebau am ›Ernstschacht‹ [ab 1949] bei Großkamsdorf und schließlich ab 1963 aus dem ›Tagebau Kamsdorf‹ zwischen Großkamsdorf und Könitz gedeckt, wobei man aus letzterem am Ende nur noch unvererzte Zuschlagstoffe brach. Im Jahre 1952 wurde der Grubenbetrieb aus dem Maxhüttenwerk ausgegliedert und avancierte als ›VEB Saalfelder Eisenerzgruben‹ zu einem eigenständigen Unternehmen mit Verwaltungssitz in der Saalfelder Bohnstraße. Daraufhin erfolgten noch einmal letzte große Investitionen: »Es kamen nun Schüttelrutschen, Schaufellader und Raupenbunkerlader zum Einsatz. Das Bohren erfolgte über gummibereifte Bohrlafetten. Dennoch konnte der Untertagebau nicht mehr rentabel durchgeführt werden.«[256] Daraufhin hat man 1952 den ›Ersatzschacht‹, und 1958 den ›Luisenschacht‹ abgeworfen. Mit dem Ende des Untertagebaus wurde auch der VEB aufgelöst und die Bergbaubetriebe wieder der Maxhütte unterstellt.

Während der ›Luisenschacht‹ bis 1963 verfüllt, verbühnt, die Resthalden eingeebnet und die Baulichkeiten teils abgerissen, teils umgenutzt wurden, blieben die Anlagen des Ersatzschachts mit dem Förderturm und dem nebenstehenden Gebäude für die Dampffördermaschine für Museumszwecke erhalten. Dicht daneben öffnet sich das Mundloch der Großraum-Förderstrecke, durch welches man seit 2011 mit der Grubenbahn in das ›**Besucherbergwerk**‹ der ›Vereinigten Reviere Kamsdorf‹ einfahren kann.[257] »Auf einem untertägigen Rundweg von knapp 2 km Länge werden Abbaue von Eisenerz in verschiedenen Flözen und aus unterschiedlichen Zeiten gezeigt. Beeindruckend sind die bis zu 12 m hohen Abbaukammern. Außerdem kann man sich über Abbautechnologie und den Erztransport informieren.«[258] Zudem erschließt ein **Montanlehrpfad** auf 4 km Länge die letzten übertägig noch vorhandenen Zeugnisse der ehemaligen ›Bergbaulandschaft Kamsdorf‹. Vom ›Ersatzschacht‹ geht es zunächst in westliche Richtung zum Revierhaus und nach der ›Storchenzechenhalde‹, dann südwärts zu den Halden des ehemaligen Schachts ›Glücksbude‹. Den südlichsten Punkt des Rundwanderweges bietet Goßwitz mit dem ehemaligen Tagebau an der ›Sommerleithe‹ und dessen geologischem Aufschluß. Über den Westrand des ›Großtagebaus Kamsdorf‹ führt der Weg wieder zum Denkmalkomplex ›Erzbergbau‹ zurück.[259]

*Bergbau im Oberwellenborner Revier [1766-1903]*
Strenggenommen nicht Teil des Bergbaus auf dem Roten Berg, aber doch untrennbar mit diesem verbunden, war die Erzförderung im nördlichen Ausläufer der Lagerstätten, nach Beyschlag [1888] des sogenannten ›Gangzuges VI‹, die in die südliche Ortsflur von Oberwellenborn hineinragten. Nicht vor Mitte des Mitte des 18. Jahrhunderts kam es dort zu bergbaulichen Aktivitäten, zunächst mit wenig Erfolg. Anstatt 45 m wie stellenweise in Kamsdorf mußten die Bergleute hier 50 m, ja 60 m abteufen, um an die erzführenden Schichten zu gelangen. Auch war hier mehr mit zudringenden Wasser zu rechnen. Zu dritten sollte es seine Zeit dauern, bis die genaue Position der, im Wesentlichen drei größeren, durch das Revier verlaufenden Erzadern ermittelt war. Wie Peter Lange in seinem Aufsatz über den hiesigen Bergbau konstatiert, war es der Erfolg der nahen Dinklerzeche in Kamsdorf, an dem man in den Jahren 1766 bis 1768 auch hier mit der Mutung des Schachtes ›Vergnügung‹ anzuknüpfen hoffte – offenbar ohne Erfolg. 1808 trafen die Bergleute in dem Schacht ›Walters Glück‹ zwar auf 20%-iges Eisenerz, an mögliche Buntmetallvererzungen im darunterliegenden Zechstein kamen sie je-

doch nicht heran. Immerhin lieferte ein 160 m weiter nordwestlich erschlossener Schwerspatgang 1822 in 37 Meter Tiefe etwas Kupferkies und Kobaltoxid. Der Versuch, diese beiden Schächte miteinander zu verbinden, kostete 506 Taler, erbrachte aber nur 5 kg Kobalterz. Auch die Wiedereröffnung des 1799 geschlossenen Bergwerks ›Oberwellenborner Erbbeleihung‹ durch den Viersener Unternehmer Friedrich Wilhelm scheiterte 1859 wegen starken Wassereinbruchs. An Fahrt gewann die Erschließung der Erzvorkommen erst, als nach der Übernahme des Grubenfeldes durch die Maxhütte [1873], ab dem Jahre 1878 eine Belegschaft von durchschnittlich 40 Bergleuten mit entsprechender Technik in größere Tiefen vordrang. Nacheinander teuften sie vier Schachtanlagen ab. Dem Aufziehen eines alten Schachts mit Namen Heumannsstollen [1875] folgten 1877, 1878, 1882 und 1883 die Abteufung des Maffei-, des Pfeffer-, des Herzog Georg- und schließlich des Wasserschachts [Schacht IV], der ebenfalls auf einen Vorläufer und zwar den Greefeschacht, zurückgeht. Von außen waren diese Schächte an ihrem hohen Schachtgebäude mit angebautem Maschinenhaus zu erkennen. Je nachdem wo gerade abgebaut wurde, mußten auch die Gleise der Grubenbahn hinverlegt werden. Gewonnen wurde neben Eisenerz, auch Kupfererz [vornehmlich im Pfefferschacht], aber auch Eisenspat. Nach 25 Jahren waren die Vorkommen aber schon wieder erschöpft, so daß sich der Erzabbau ab 1905 in östliche Richtung nach dem, zur Könitzer Flur gehörenden Erzfeld ›Fürst Blücher‹ verlagerte. Bis 1903 waren 304.788 t Eisenstein aus der ›Oberwellenborner Erbbeleihung‹ herausgeholt worden, 1898 gar einmal 20.272 t [mit 62 Bergleuten]. Das waren in diesem Jahr 25% der gesamten Erzförderung der Maxhüttengesellschaft. Die Schachtgebäude der stillgelegten Gruben blieben noch eine Zeit lang stehen. Einige wie das Greefehaus und das Pfefferhaus avancierten zu Landmarken und verschwanden erst in den 1950er-Jahren. Erhalten aber blieben die Halden der Schächte, erkennbar an länglichen Buschreihen inmitten der Felder. Auch der gleichfalls verbuschte

Strich der Trasse der ehemaligen Erzbahn ist im Gelände noch ganz gut auszumachen.[260]

Großtagebau Kamsdorf [ab 1963]

Aufgrund des hohen Bedarfs an Zuschlagkalk nichtzuletzt für das unlängst erbaute große Eisenhüttenwerk Ost in Stalinstadt, dem späteren Eisenhüttenstadt, suchte man ab 1956 mittels rasterförmig angeordneten Probebohrungen nach neuen Abbaugebieten und wurde auf einem 70 ha großen Terrain zwischen den Straßen Kamsdorf–Könitz, Kamsdorf–Bucha und Bucha–Könitz fündig. Obwohl dieses Tagebaufeld größtenteils auf Goßwitzer Flur lag, ist es nach dem Ort Kamsdorf benannt worden, weil aufgrund der Nähe zu den Verladebunkern am Könitzer Bahnhof die Aufbereitungsanlagen für die zukünftige Förderung auf Kamsdorfer Flur zu stehen kamen. Die Verwaltung blieb auf dem Gelände des Ersatzschachts [heute Bauhof Kamsdorf]. Auch einige untertägige Anlagen des alten Bergbaus standen weiter in Verwendung, etwa als Sprengmittellager oder Wasserabflußstollen. Nachdem die Wegerechte eingezogen, der Goßwitzer Friedhof umverlegt und das Bethaus, ein Haldenhaus zwischen Goßwitz und Könitz, abgerissen war, konnte der Betrieb im Jahre 1963 eröffnet werden.

Die Produktion stand voll auf der Höhe ihrer Zeit: Die Einführung der Großbohrlochsprengung, die Ladearbeit mittels elektrischem Hochlöffelbagger, die gleislose Förderung durch italienische Schwerlastkraftwagen [Vierzigtonner], aber auch der Bandstraßenbetrieb mit Fernsehüberwachung in den Aufbereitungsanlagen, die Förderbrücke nach der Bahn [400 m vor dem Bahnhof Könitz] brachte den entscheidenden Leistungsvorsprung. »Diese Technologie führte zur endgültigen Einstellung der untertägigen Gewinnung 1958, reichte aber nicht aus, um den steigenden Bedarf der neuentstandenen eisenschaffenden Industrie in der DDR mit eisenschüssigen Zuschlagkalken zu befriedigen. Durch den Einsatz hochwertigerer Importerze in der Eisenhüttenindustrie verminderte sich aber schon ab 1968 deren Bedarf an Zuschlagkalk zunehmend, so

120

dass neue Produktnischen gefunden werden mussten.«[261]
In den Vordergrund rückte nun: [1] die Gewinnung von Düngekalk für die Land- und Forstwirtschaft, wie des ›Kamsdorfer Magnesiummergels‹, [2] die Lieferung von Bausteinen, worauf sich der bis hinauf nach Mecklenburg findende Goßwitzer Kalkstein zu einem ›Leitfossil‹ für die DDR-Ära entwickelte sowie [3] die Herstellung von Schotter, Splitt und Brechkorngemischen für Straßen- und Wegebau, Platzbefestigung sowie als Filter- und Drainageschichten, verbunden mit dem Bau eines Teersplitt-Mischwerks am Könitzer Bahnhof. Mit einer jährlichen Menge von 2 Mio. Tonnen abgebautem Kalkstein gehörte Kamsdorf zu den größten Tagebauen der DDR. Als nach der Wende diskutiert wurde, auf dem Tagebaugelände eine große Mülldeponie zu eröffnen, erhoben sich starke Proteste seitens der umwohnenden Bevölkerung und brachten den Plan zum Scheitern. Im Jahre 1993 schließlich übernahm der Frankfurter Baukonzern ›Wayss und Freitag‹ den Betrieb und führte ihn zunächst mit gleicher Produktpalette weiter. Nun war es weniger der Kalkstein als die im südöstlichen Abbaufeld vorkommenden unterkarbonischen Grauwacken, die als Betonzuschlagstoff vornehmlich für den Bau der Talsperre Leibis bei Unterweißbach genutzt wurden. »Für die Aufbereitung dieses harten Materials waren neue Anlagen nötig.
Sie wurden als mobile Freiluftanlagen inmitten des Tagebaus errichtet. Der Abtransport erfolgte nun vornehmlich über die Straße, so dass die Verladung am Bahnhof Könitz immer unwichtiger wurde.«[262]


*Das Bergbaurevier Könitz-Bucha [1306-1964]*
»Daß bei Könitz und Bucha der Bergbau ebenfalls sehr frühzeitig betrieben worden ist, darauf deuten die Gruben am Buchwäldchen und zwischen Bucha und Goßwitz hin, wo jedenfalls das zutage tretende Eisenerz auf primitivste Art des Tagebaus gewonnen wurde. Auch erzählt Superintendent Karl Heinrich Biel in seinen ›Berg- und Ernten-Predigten‹ [1798], daß man zwischen Bucha und Goßwitz Schlacken von einem

121

›Zerrenn-Ofen‹ finde, bei welchem man sich noch des Handblasebalgs bedient habe.«[263]

Angeblich im Jahre 1306 sind in Könitz erstmals Bergwerke erwähnt, die von einer Gewerkschaft betrieben wurden, die u.a. aus Nürnberger Kaufleuten als Kuxeninhaber bestand. 1361 kümmerten sich die Schwarzburger Grafen um die Bergwerke ihres Gebietes. Dazu gehörte die Gegend von Pößneck, Ranis und Saalfeld. In einem Lehnsbrief von 1443 werden dem Könitzer Schloßherrn Heinrich von Hohlbach auch die Schürfrechte für die in seiner Herrschaft befindlichen Gold-, Silber- und Kupferbergwerke [berckwerke von goltercze, von silberercze adder von Kupperercze] verliehen, die sich der Landesherr bislang selbst vorbehalten hatte. Die mittelalterliche Phase des Bergbaus in der Könitzer Flur endete im Jahre 1476 – angeblich wegen Holzmangels.[264]

Erst im letzten Viertel des 17. Jahrhunderts kam der Bergbau in diesem Revier wieder in Schwung. Zunächst waren es allein die Könitzer Bauern gewesen, die meist in den Wintermonaten als Eigenlöhner in den alten Zechen Eisenstein gefördert und diesen von den Hütten mit ca. 28-36 Groschen je Fuder vergütet bekommen hatten. Als ihr Eisenstein aber immer kupferhaltiger wurde, ging er bei den Eisenschmelzern immer weniger ab, bis man bei der Kupferhütte zu Ilmenau eine Probe schmelzen ließ und das Ergebnis ziemlich günstig fand. Hierdurch ermutigt, begann nun mit großem Erfolg der Kupferabbau.

Im Jahre 1685 verlegte man das ›gemeinschaftliche Bergamt‹ für edlere Metalle [Kupfer, Silber, Gold] nach Könitz und ernannte Salomo Mey zum Bergmeister, während der schwarzburgische Amtmann auf dem Könitzer Schloß als Berghauptmann eingesetzt war. Dieser Zustand der Verwaltung und Abrechnung währte, bis man 1720 das sogenannte ›einherrliche‹, sprich Schwarzburg-Rudolstädtische Bergamt zu Königsee ebenfalls nach Könitz verlegte.[265] Allein bedingt durch den Bergbau nahm die Könitzer Bevölkerung enorm zu. Im Jahre 1690 gingen 681 Bergleute und deren Angehörige hier zum

Heiligen Abendmahl, von denen aber sicher nur ein Teil orts-
ansässig war, denn bis zum Jahr 1723 sollte die Einwohnerzahl auf 588 Personen anwachsen. Um die Familien der Bergleute, die aus Schleiz, Klausthal und anderen Orten – wo der
Bergbau zurückgegangen war – nach Könitz übersiedelten,
unterbringen zu können, wurde oberhalb des Bauerndorfes
1688 eine Bergwerkersiedlung, die sogenannten ›Berghäuser‹ erbaut.

Im Jahre 1704 waren im Könitzer Revier etwa 80 Gruben
fündig. Darunter befanden sich auch alte, wieder aufgenom-
mene Gehaue. Auch sonst traf man bei den Bauten öfters
wieder ›auf den alten Mann‹. Pfarrer Gebhardt schreibt darüber: »In den Kirchenbüchern finden sich am frühesten die
Zechennamen ›Traubenzeche‹, ›Anton‹, ›Wildemannzeche‹,
›St. Johanniszeche‹, ›Nikolauszeche‹ (alle 1688), dann ›Him-
melskrone‹ (1689), ›Auguste‹, ›Getreue Nachbarschaft‹ (1693),
›Bretschneider‹ im Streitberge [oberhalb Saalthals], ›Wer hats
gewußt‹, ›Hoffnung Gottes‹, ›Himmlisches Heer‹, ›Dünkleri-
sches Glück‹, ›Tiefer Stollen‹, ›Gottlieb‹, ›Haus Schwarzburg‹,
›Annenzeche‹, ›Augustzeche‹, ›Schomberger Zeche‹, ›Rosen-
hoffszeche‹, ›Gottesstollen‹. Im Buchaer Kirchenbuch finden
sich zudem die Grubennamen: ›Marie Elisabeth‹, ›Wernerszeche‹,
›Himmlischer Herzog‹, ›Bartholomäuszeche‹, ›Werners Glück‹,
›Dreifaltigkeitszeche‹, ›Juliane‹, ›Weintraube‹, ›Hauptschlüssel‹.

Jede Zeche hatte ihren besonderen Steiger, auch wohl Un-
tersteiger. Bis zum Jahr 1704 stieg die Zahl der Ausbeute-
zechen bis auf etliche 40. Auf 80 und mehr Gruben wurde mit
bestem Erfolge gebaut. ... Manche Zeche verteilte auf 1 Kuxe
pro Quartal 10 Taler Ausbeute, d.h. Reingewinn, eine erkleg-
liche Summe, wenn man bedenkt, daß zur Zeche 128 Kuxen
oder Anteile gehören. So lieferte die ›Anna‹ 1.668 Zentner,
die Bartholomäus-Zeche 1.757 Zentner Garkupfer. Eine Zeche
gab 14.204, eine andere 17.525 Taler Ausbeute. In den 20
Jahren von 1685 bis 1704 wurden 28.128 Zentner Garkupfer
geschmolzen und dadurch 588.679 Thaler gewonnen. Der
Landesherr erhielt 334.209 Taler, die Gewerke 250.613 Taler,

ebenso erhielt die Kirche ihren Anteil auf 1 Freikuxe von jeder Zeche. ... Die Kupfererze wurden in der Kupferhütte bei Leutenberg geschmolzen, das Garkupfer meist an das Messingwerk zu Grünau geliefert. Die Eisenerze dagegen kamen wohl zum größten Teil zum Hochofen nach Hockeroda. Doch fehlten auch damals schon die Schattenseiten nicht. Bei weitem nicht alle Zechen gaben solche reiche Ausbeute, wie die erwähnten. Gar manche erforderten immer neue Zubuße und wurden schließlich auflässig. Auch mancher Unglücksfall kam bei dem Betriebe vor. 1688 wird ein Bergmann auf der Wildemannzeche von einer Wand zerschmettert. 1690 stirbt ein Bergmann aus Schmalkalden, ›nachdem er auf der Grube getäuscht und von einem Gespenst übel angefochten worden‹, 1693 fällt ein Bergmann beim Einfahren in die Grube und stirbt, desgleichen einer 1696, 1697 und 1701. 1702 wird ein anderer von einer fallenden Wand erschlagen. Auch starben öfters Bergleute an der sogenannten ›Bergsucht‹.

Der starke Betrieb des Bergbaus gab Veranlassung, daß für Könitz ein besonderer **Pulverturm** erbaut wurde, desgleichen eine Wäsche und eine Bergschmiede. Der Pulverturm nach Bucha zu unterhalb des großen Steinbruchs, links von der jetzigen Straße, wo jetzt [1895] noch ein ebener Raum am Bergabhang und die Schlacken im Boden ihre Stelle anzeigen. Die **Wäsche** soll beim großen Teich oberhalb der Pochmühle gewesen sein. Beim Ausgraben des Pochmühlteichs 1890 wurden noch große Eichenstücke gefunden, die davon rühren mochten. ... Alle diese Einrichtungen existierten schon um 1770 herum nicht mehr. Die Pochmühle, welche damals ebenfalls zum Zerkleinern des Erzes erbaut wurde, hat sich ... in eine Mahlmühle verwandelt. Doch haben wir noch als Denkmäler aus jener Zeit die **Bergschenke**, die zum Gasthof ›Zur goldenen Traube‹ umgetauft ist, nachdem sie 1786 mit Gasthofgerechtigkeit verkauft worden war. Auch das **Bergamtshaus** steht noch, ist aber längst in Privatbesitz.«[266]

Der Bergbau hat viel zur Verbesserung der hydrologischen Situation in Könitz getan, weil infolge der Anlage von unter den Schachtbetrieben entlangführenden Entwässerungsstollen weite Teile der Ortslage trockenfielen bzw. das Wasser des ›**Hoffnung-Gottes-Stollen**‹ verrohrt und zur Trinkwasserversorgung in den Ort geleitet wurde.

Nicht mehr vorhanden sind die Könitzer **Berghäuser**. Nachdem der Bergbau um 1730 seine Blüte überschritten hatte und im Verfall begriffen war, sank auch die Einwohnerzahl von Könitz wieder auf 440 [um 1750]. Aufgrund ihrer Armut gelang es den in der Bergwerkersiedlung lebenden Einwohnern in der Folge nicht, sich in die bäuerliche Altgemeinde einzukaufen und vollwertige Könitzer Gemeindemitglieder zu werden. Um die Bergleute, für die im Grunde genommen der Landesherr verantwortlich war, in die Ortsgemeinde abzuschieben, machte der Amtmann mehrfach das Angebot, für deren Aufnahme in dieselbe eine größere Abfindungssumme zu zahlen. Doch der Gemeindeverband blieb unnachgiebig, mußten doch arme oder in Not geratene Bergleute von der Gemeindearmenkasse dann mitversorgt werden. Erst im Jahre 1881 kam es zur Gleichstellung der Bewohner der beiden Teilsiedlungen. In diesem Jahr wurden auch die maroden Berghäuser abgerissen, der neue Marktplatz dorthin verlegt und den Bewohnern Bauplätze für neue Häuser mit je einem Morgen Land dazu übereignet. Noch heute sind im Gelände südlich des Ortes in großer Dichte und Zahl Zeugnisse des einstigen Erzbergbaus erhalten. Oft unter Buschwerk und Bäumen verborgen, finden sich rundliche Kleinhügel bzw. längliche Formationen einstiger Halden, aber auch kesselförmige Versturzlöcher von Schächten, sogenannte ›Pingen‹, nebst linienförmigen Formationen eingebrochener Stollen. Diese Relikte finden sich einerseits im Buchholz, andernseits in kleinen Gehölzinseln westlich von Bucha und nach Goßwitz hin. Indem es sich hierbei – nach Einebnung der zahlreichen Bergbauhinterlassenschaft auf dem Roten Berg sowie in der Kamsdorfer und Goßwitzer Flur bis zu Beginn der 1980er-Jahre – um die markanteste Pingenlandschaft Ostthüringens handelt, hat man für dieses Gebiet nichtzuletzt wegen einiger am östlichen Kotschauhang anstehender Zechstein-riffe mit Trockenbüschen und stufenartigen Trocken- und Halbtrockenrasen-Arealen unlängst die Landschaftsbezeichnung ›**Pingen- und Rifflandschaft Könitz**‹ diskutiert. Die eigentümlichste Halde war die bepflanzt gewesene **Echohalde** südlich vom Könitzer Schloss nahe am alten Buchaer Fahrtwege, die ein vierzehnsilbiges Echo bot.[267]

Je mehr der Kupferbergbau zurückging, umso mehr verlegte man sich auf den Eisenerzabbau. Um das Jahr 1780 wurden noch alljährlich 32 bis 40.000 Zentner Eisenstein gefördert. »Aber der Transport zur Eisenhütte war zu beschwerlich und zu kostspielig, als daß diese Seite des Bergbaus sich hätte wieder heben können. Die Zechen wurden zusammengeschlagen und mit je 1 bis 2 Mann belegt, um wenigstens dem Namen nach den Bau fortzusetzen. So waren im Könitzer Revier nur noch 8 Zechen gangbar. ... Man suchte darum draußen im Reiche nach Geldmännern, welche Anteile oder Kuxen übernehmen und zum Bergbau wieder das nötige Kapital hergeben sollten. Die Vertreiber dieser Kuxen nannte man ›Kuxkrenzler‹ oder ›Kuxpertierer‹, welche weit und breit hin ihre Geschäftsreisen ausdehnten. ... Trotz aller Bemühungen hörte der Kupferbau bald ganz auf. Die Erze waren eben in der Hauptsache abgebaut.«[268]

Die Förderung von Eisenerz insbesondere in den drei Flurteilen Buchberg, Buchholz und Hygritz aber nahm seinen Fortgang, wenn auch nicht in großem Maße und ohne Gewinn für die Gewerke. Erst um 1840 kam wieder Bewegung in den Könitzer Bergbau. Der Hildburghäuser Buchhändler, Lexigraph und Schriftsteller Joseph Meyer, Herausgeber des bekannten ›Meyers Konversationslexikon‹ und Begründer des Bibliographischen Institutes zu Hildburghausen, plante in Thüringen ein Montan-Imperium aufzubauen. »1843 gründete er die Deutsche Eisenbahnschienen-Compagne, eine Aktiengesellschaft, die in dem Ort Neuhaus/ Schierschnitz [zwischen Sonneberg und Kronach] die damals größte deutsche Eisenhütte errichtete. Auch sie benötigte kalkige Eisenerze.«[269] Zu diesem Zweck hatte der Unternehmer  zwischen 1836 und 1841 auch bei Blankenburg und in Gestalt der Könitzer Erbbeleihung bzw. den Gottschildgruben zahllose kleine Grubenfelder gemutet, die ihre Ausbeute nach Südthüringen lieferten, um die sauren Erze aus dem Ordovizium des Thüringer Schiefergebirges verhütten zu können. Bei Unterwirbach und Schmiedefeld liefen bereits die Vorarbeiten für zwei neue Hochöfen. Allein daraus wurde nicht. Obwohl Meyer mit seinen Plänen seiner Zeit voraus war, fehlte es ihm an Fachwissen und die Ergebnisse brachten nicht den gewünschten Erfolg. Nachdem er 1847 alle Zahlungen einstellen hatte müssen, ging er 1850 konkurs und starb 1856. Seine Lexika aber erlangten Weltruhm.

Wenn man von dem Betrieb einer Grube für eisenhaltige Farberde [Umbra] in den 1850er-Jahren einmal absieht, ruhte der Betrieb im Könitzer Revier weitgehend bis zum Jahr 1861, als die Meyerschen Anteile an den Könitzer Gruben für 7.060 Gulden gerichtlich verkauft wurden. Der spätere Könitzer Bergmeister Nikolaus Friedrich Ernst Herthum [1828-1882] war Meistbietender im Namen einer neuen Bergwerksgesellschaft, der er selbst angehörte. Einer breiteren Öffentlichkeit bekannt wurde er durch die Unterstützung einer Suche nach Kupferschiefer in der Nähe von Rottleben [Kyffhäusergebiet], die 1865 zur Entdeckung der berühmten Barbarossahöhle führte. Erst im Zuge der fortschreitenden Industrialisierung und der Eröffnung der Bahnstecke Gera–Eichicht flammte der Bergbau auch in Könitz wieder auf. Verantwortlich dafür war die gute Qualität der weitgehend phosporfreien hiesigen Eisenerze, die sich ausgezeichnet zur Stahlherstellung eigneten. Die Zwickauer Marienhütte und der Dortmunder Eisenindustrielle Karl von Born [ab 1878 dann die Borsigwerke] besaßen 45 bzw. 83 Anteile an den vereinigten Könitzer Revieren und förderten zwischen 1872 und 1878 gegen 2 Millionen Zentner Erze. Als aber dann das neue Verfahren der ›Thomasierung‹  – des Entziehen von Phospors aus dem Eisen, wobei die Schlacke dann noch als Düngemittel verwertet werden konnte – erfunden wurde, war man auf phosphatfreies

Erz nicht mehr unbedingt angewiesen und der bisherige Marktwert der Könitzer Erze sank rapide, zumal die Zwickauer Marienhütte die Erze nun billiger einkaufen wie selber produzieren konnte. Für die nachlassende Bedeutung der Könitzer Reviere spricht auch der Umstand, daß nach dem Tode Herthums 1882 kein neuer Bergmeister mehr ernannt, sondern das Bergamt 1883 mit dem Sachsen-Meiningischen Bergamt in Saalfeld zusammengelegt wurde. 1893 stellte die Bergwerksgesellschaft den Betrieb in Könitz ein. Die letzte Eisengrube schloß im Jahre 1924.

Was den Könitzer Bergleuten verblieb, war die Fortführung des bereits im Jahre 1834 im Buchholz begonnenen Abbaus von Schwerspat, der wegen seiner Reinheit als Baryweiß für die regionale Farb- und Porzellanindustrie einen entscheidenden Standortvorteil bot. Die 1907 begründete, 1950 allerdings verstaatlichte Grubengewerkschaft ›Lützow‹ fördert in ihrem Spitzenjahr 1913 aus beachtlichen Tiefen [bis zu 210 m!] 18.500 Tonnen Schwerspat. Das waren 2% der damaligen Weltförderung. Zu DDR-Zeiten baute man noch etwa 6.000 t Schwerspat im Jahr dort ab, bis der Betrieb 1964 eingestellt wurde. Betrieben wurde schließlich nur noch der, von der Großkamsdorfer Flur herüberreichende Großtagebau. Aber schon vorher waren in der Ortsflur lockere Partien der Riffkalke als Scheuersand und im 20. Jahrhundert als Steinsand in der Baumaterialienherstellung sowie der anstehende Plattendolomit für die Herstellung von Baukalk verwendet worden. Der Abbau erfolgte östlich des Bahnhofes. Die westlich von Könitz auf der Hygritz gleich einem Dinosaurier des Industrizeitalters stehende Bauruine eines ab 1903 erbauten, aber nie in Betrieb gegangenen großen Kalkofens erinnert daran.[270]

*Ehemaliger Bergbau um Preßwitz und Wilhelmsdorf*

Bis südlich von Bucha wurde ehedem Bergbau getrieben. Von dem sogenannten ›**Preßwitzer Zug**‹ werden im Jahre 1726 fünf Gruben erwähnt: ›Wilhelmina, Sophie, Neu beschertes Glück, Brüderliche Liebe‹ und ›Gott hilft gewiß‹. Letztere hieß vordem ›Brettschneider‹ und lag nördlich von Saalthal im oberen Hangbereich des Streitberges. Diese Gruben wurden meist von Ortsfremden betrieben, die etwas Silber- und Eisenstein förderten. Es lebten im 18. Jahrhundert auch einige Bergleute in Preßwitz. Vor der ›Thüringer Sintflut‹ [1613] soll nahe des Preßwitzer Saalewehrs ein Hammerwerk gestanden haben, das aber – falls dort je ein Wassertriebwerk existierte – nur eine Mahlmühle oder ein Pochwerk gewesen sein kann. Das ehemalige **Hammerwerk** im benachbarten Hohenwarte [1411 Smythen, 1468 Eisenschmitte] dagegen bestand schon im 14. Jahrhundert. Es verarbeitete hauptsächlich Erze aus dem nahen Könitzer Revier, die auf einem heute noch als Hohlweg erhaltenen, äußerst steilen Goßwitzer Waldsteig, dem ›**Eisensteinweg**‹ am Hang des Tannenberges herangebracht wurden. Nicht minder beschwerlich war auch der Weg, auf dem die schmiedeeisernen Barren bzw. fertigen Gerätschaften, soweit sie nicht in der Umgebung Verwendung fanden, dem Fernhandel zugeführt wurden, nämlich über einen Wiesenpfad saalabwärts durch sumpfige Auen und Furten, bis in Eichicht die Leutenberg–Saalfelder Straße erreicht war. Ab dem Jahre 1630 hören wir von dieser Schmiede nichts mehr, wahrscheinlich ist sie im 30-jährigen Krieg und zwar 1640 zusammen mit dem Nachbarort Preßwitz zerstört worden.[271]

Die im östlichen Ausläufer des Erzfeldes vom Roten Berg gelegenen **Eisen- und Kupfererzgruben um Wilhelmsdorf** dagegen wurden zwischen dem 14. und 17. Jahrhundert von der Portenschmiede verhüttet. Die Vorkommen erstreckten sich von der Groschenhecke oberhalb von Gössitz über den Schmordaer und Schmittengrund bis zum Schellenberg, wo sich insbesonerde im Flurteil ›Schürfen‹ eine Grube an die nächste reiht und verschiedenen Bergbaurelikte noch erkennbar sind.

Wie Willy Serbe über den Wilhelmsdorfer Bergbau berichtet, hätten schon die Sorben damit begonnen. »Ein großer Teil der Schächte ist jetzt noch gut erhalten und wurde zum Teil auch später d.h. etwa im 16. und 17. Jahrhundert wieder genutzt. In einigen dieser Schächte finden wir herrliche Tropfsteingebilde [Stalaktiten]. Leider bilden sich jedoch nirgends die ihnen entgegenwachsenden Stalagmiten, da fast alle Schächte oft mehr als kniehoch unter Wasser stehen.«[272]

Bis vor kurzem war im Schmittengrund auf Schmordaer Seite etwa 500 Meter unterhalb der Riesenfichte noch ein solcher **Stollen** zugänglich, der zu einem längst aufgelassenen Bergwerk führte. Vielen war dieses Lüftungsloch bekannt und die Neugierigsten unter ihnen haben sich zuzeiten dort hinein gewagt. Das war eine gefährliche Angelegenheit. Zunächst führte ein etwa 100 Meter langer, wasserführender Gang zu einem Kreuzungspunkt, von dem verschiedene Gänge abmündeten. Oberhalb davon lag ein vertikal hinaufführender ehemaliger Förderschacht, nach etwa 6 Metern mit Bohlen verschlossen und bis zur Oberfläche mit Abraum gefüllt. Die noch umherliegenden teilweise mit Zimmermannszeichen versehenen Holzklötze waren weich wie Butter. Nicht anders wird auch die Stabilität der Bohlen darüber gewesen sein. Eine der umliegenden Wände bestand aus grob behauenen Quadern, die gefährlich geneigt waren und ausschauten, als wollte sie jeden Moment auf den Betrachter herabstürzen. Wer den ersten Gang verfolgte, gewahrte schon nach wenigen Metern mit Schieferplatten belegte und zugeschüttete Stolleneingänge. Ein weiterer Gang führt steil nach oben. An den Wänden fanden sich noch Spuren von Eisenerz. Durch den eigentlichen Zugang zum Bergwerk werden sich die mutigen Begeher dann doch nicht gewagt haben. Ein endloser Gang, dessen Stützbohlen längst zerfallen waren, führte hinein ins – Nichts. Das ergiebigste Wilhelmsdorfer Bergwerk jedoch lag westlich des Dorfes und soll durch einen Fluch in den Ruhestand versetzt worden sein. Die **Sage** ist schnell erzählt: Unter den Knappen die alltäglich darin einfuhren, war auch ein junger

Mann, der überaus fromm und hilfsbereit war und zu jedem ein freundliches Wort hatte. Als seine Mutter in zunehmendem Alter an der Gicht erkrankte, pflegte er sie hingebungsvoll und kam daher, so sehr er sich auch mühte, ab- und an zu spät zur Arbeit. Sein Steiger aber hatte dafür kein Verständnis und einmal, als er den jungen Bergmann wegen des Versäumnisses zur Rede stellte, berief sich dieser auf seine Kindespflicht. Der Steiger aber, der Widerworte nicht gewöhnt war, geriet darüber noch mehr in Zorn. Er packte den Knappen und stieß ihn hinunter in die Tiefe des Schachts. Daraufhin hielt die Belegschaft sofort mit der Arbeit inne und alle eilten zum Schauplatz der Tat. Inzwischen war die Kunde von dem Frevel auch ins Dorf und an das Ohr der Mutter des jungen Bergmanns gedrungen, worauf sie ihre letzte Kraft zusammennahm und sich auf zwei Stöcken gestützt zur Grube aufmachte. Nachdem sie die blutige Leiche ihres Sohnes gesehen hatte, die man inzwischen aus dem Schacht geborgen hatte, wurde sie von Verzweiflung gepackt. Sie nahm ihre Haarbürste heraus und schleuderte sie unter einem schrecklichen Fluch in die Tiefe: ›Hu! Hu! Teufel Du! Schließ Dich Zu! So viele Haare, so viele Jahre; so von oben so von unten alle Zeiten und Stunden hart gebunden! Tu Dich Zu, Teufel Du!‹.

Und noch einmal rief sie: ›Tu Dich Zu!‹, dann sank sie neben der Leiche ihres Sohnes tot zu Boden. Von Stund´an ging der Fluch in Erfüllung. Böse Wasser traten ein und hinderten jeden weiteren Betrieb.[273] »Noch sind die Öffnungen der Gruben, eine an die andere gereiht, vorhanden. Im Wachhügel, am äußersten Ende der Gruben gegen Morgen, soll ein Hirsch ganz aus gediegenem Golde stehen, doch niemand wagte den Bergbau hier wieder zu betreiben, denn noch ist nicht die Hälfte der Jahre verflossen, welche die Bürste in den Tiefen des Bergwerks erforderte. Die Grube, in welche der junge Bergmann gestürzt worden war, liegt am westlichen Ende des Grubenzuges und ist fast immer bis an den Rand mit Wasser gefüllt.«[274] Später hat man dieses Wasser gefaßt und über eine Holzröhrenleitung nach Wilhelmsdorf geführt.

# BERGMANNSSAGEN

*»Die Sage ist nicht so poetisch wie das Märchen. Sie steht beinahe nur in sich selber fest, in seiner angeborenen Blüte und Vollendung. Die Sage ist von geringerer Mannigfaltigkeit der Farbe und hat noch das Besondere, dass sie an etwas Bekanntem haftet, an einem Ort oder an einen durch die Geschichte gesicherten Namen. Die Sage trägt den Charakter der Geschichte an sich, ja die echte Sage ist das Archiv der Urgeschichte eines Volkes, solange bis die Geschichtsschreibung an ihre Stelle trat.«*[275]*

*[Jakob Grimm]*

Aus Kamsdorf und Umgebung hat sich manche, im allgemeinen Sagenkranz Ostthüringens sonst ziemlich selten vorkommende Bergmannssage überliefert. Der, man kann nicht anders sagen, ›Gebruder Grimm des Orlagaus‹, der bekannte Sagensammler und Vorgeschichtsforscher Wilhelm Börner, der von 1817 bis 1851 als Diakonus in Ranis wirkte, und archäologisch auch auf dem Roten Berg tätig gewesen ist, hat uns einige davon aufgeschrieben:

### Der Bergmönch

»Noch nicht lange ist es her, da lebte bei Kamsdorf in den Bergwerken ein alter Mönch. Er soll garstig ausgesehen haben, denn er war klein und dick und hatte große Augen wie Käsenäpfe. Dabei war er aber sehr gutmütig. Ganz still hat er für sich in den Bergwerken mitgearbeitet und hat die Bergjungen abgelöst, aber niemand hat mit ihm gesprochen. Alle Morgen mußte ihm ein Junge für einen Pfennig Semmeln mitbringen und auf einen bestimmten Platz legen. Einstmals lagen die Semmeln auch bereits auf diesem Platze, da kam ein anderer Junge, der dem Mönche etwas antun wollte, nahm die Semmeln und aß sie auf. Da hat es im Förderschacht von unten gerufen, die Eimer sollten heraufgezogen werden.

Als diese nun oben angelangt waren, hat der Junge tot drin gesessen, der die Semmeln gegessen hatte.

Der Mönch hatte ihm aus Rache den Hals umgedreht und ihn in den Eimer gedrückt.«[276] Nach einer späteren Version der Sage habe es sich bei diesem Mönch um einen Saalfelder Benediktinermönch gehandelt, der nach der Auflösung seines Klosterkonvents 1525 hier in Stille und Entsagung sein Leben hatte fristen wollen. Da man ihm den Mord an dem Jungen aber nicht nachweisen konnte, lebte er weiter unbescholten in den unterirdischen Gehauen bis an sein Lebensende. Auch in den sagenhaften Labyrinthen unter der Burg Ranis soll ein solcher Mönch gehaust und einem Mann, dem er Gutes wollte, regelmäßig mit einem Batzen Geldes beehrt haben, bis dieser einmal im Hochmut seinen Gönner schmähte und von diesen dermaßen Schläge erhielt, das er drei Tage darauf starb.[277]

## Die Berggeister

»Viel erzählen die alten Bergleute von den Berggeistern. Bald erscheinen sie ihnen als kleine graue Zwerge in den unterirdischen Gängen und zeigen ihnen die reichhaltigsten Erzadern an, bald sind sie in bläulicher Feuergestalt gegenwärtig und brechen manchem den Hals oder stürzen ihn in die Untiefen. Bisweilen sind sie auch auf den Halden der Bergwerke sichtbar oder sitzen auf den Fahrten der Schächte. Meistens sind sie gutartiger Natur, nur großes Geräusch bei der Zutageförderung der Erze leiden sie nicht. Manchmal löschen sie auch die Berglichter und martern die Bergleute. Das geschah aber nur dann, wenn in den Gängen geflucht oder gepfiffen wurde.«[278] Als bei dem Hochwasser von 2002 in Dippoldiswalde im Osterzgebirge Tageinbrüche ein bislang unbekanntes, unversehrtes mittelalterliches Bergwerk unter der Stadt zum Vorschein brachten, war unter den gemachten Fundstücken auch ein Deckelknauf, der wie ein Berggeist geformt war, mit breiten spitzen Wangen, großen käsenapfförmigen Augen und spitzem Kopf wie eine Zipfelmütze, der gespenkelt war.

## Verschollen im Berge

Am Wege zwischen Goßwitz und Könitz auf Leos Halde findet sich eine kleine, inzwischen fast vergessene Bergmannskapelle mit Zwiebeltürmchen und neogotischen Fenstern.
Sie blickt hinüber zu den Relikten des Kamsdorf-Goßwitzer Erzbergbaus, aus dessen großer Zeit sich etwa das Revierhaus [1822] erhalten hat. Wie vor dem Huthaus die dortigen, so

versammelten sich vor der Kapelle die hiesigen, die Könitzer Bergleute vor Beginn jeder Schicht und hielten eine kleine Andacht, denn die Arbeit unter Tage war stets ein gefährliches Gewerk. Eine Bergmannssage aus dem Saalfelder Raum drückt die Religiosität wie das Gottvertrauen der Bergleute vor Beginn der Moderne eindrucksvoll aus: »Ein Bergmann hatte seine Wochenschicht beendet und war am Sonnabend mit seinen Kameraden zur Beichte gegangen, um dann am Sonntag als Gast vor dem Altar zu erscheinen. Nach der Beichte glaubte er, die wenigen Stunden des Nachmittags noch zu einer Arbeitsschicht ausnutzen zu können, um seinen Wochenlohn zu verbessern, womit er aber gegen Sitte und Herkommen verstieß. Kaum war er in die Tiefe gegangen, so schlugen böse Wetter ein, der Schacht wurde verschüttet. Bald merkte man oben das Unglück. Man suchte den Vermißten, doch alle Mühen waren vergebens; immer neue Massen rollten nach, das man von weiteren Bergungsversuchen abstehen mußte.

Bald war der Bergmann ganz vergessen. Nach einhundert Jahren schlug man auf der anderen Seite des verfallenen Schachtes ein und kam dabei auf den verschütteten Stollen. Man fand Fäustel und einen in tiefem Schlummer liegenden Bergmann. Sein weißes Kopf- und Barthaar war lang gewachsen. Niemand kannte ihn. Durch den Schein der Lampe und das Gespräch der Bergleute erwachte er. Verwundert schaute er sich um und fragte die Umstehenden:

›Hat´s schon ausgeläutet?‹ Erschrocken schauten sich die Knappen an, einer aber faßte den Mut und sagte:

›Heute ist Werktag, da kann es nicht ausläuten!‹
Der erwachte Greis richtete den Blick nach oben und sprach:

›Gestern Abend ging ich zur Beichte, und heute will ich zum Abendmahl gehen!‹ Er wurde aus dem dunklen Schoß der Erde empor gebracht, begrüßte froh das Sonnenlicht und trat in das Gotteshaus ein. Der Geistliche war auf die Kunde von dem erwachten Bergmann zur Kirche geeilt und reichte diesem die Himmelsspeise.

Als er das ›Amen!‹ sprach, sank der Bergmann vor dem

Altare zusammen und war ein Häufchen Asche.«[279] Die Sage erinnert an die frühchristliche Legende jener sieben Brüder, die im Jahre 251 n. Chr. ihres Glaubens wegen in eine Höhle eingemauert worden waren und 200 Jahre dort schliefen. Nach ihrer Befreiung bezeugten sie noch ihren Glauben an die Auferstehung der Toten und starben. Zu ihrem Gedächtnis entstand der Siebenschläfertag [27. Juni], ein wichtiger Lostag der Bauern, um aus dem Wetter um diesen Tag mit >65%-iger Wahrscheinlichkeit [!] das Wetter für einen längeren Zeitraum vorherzusagen.[280]

Vom **Ziegenberg** jenem nördlich des Hopfengrundes sich erhebende Bergrückens, wo sich über alten Grubengehauen bis hin zur Zollhaus-Kamsdorfer Straße eine Reihe von Zechenhäusern wie auch kleinen Wohnhäusern von Bergleuten etabliert hatten, ist die **Anekdote vom ›Teufel im Keller‹** überliefert: Wie Bernd Wiefel berichtet, wollte einmal eine, dort wohnende Bergmannsfrau hinunter in ihren Hauskeller gehen, um Sauerkraut zu holen. Da hörte sie starkes Klopfen und Pochen. Und wie sie mit ihrer schlechten Funzel in den Keller hineinblinzelte, sah sie einen unheimlichen Schatten sich dort bewegen. Vor Schreck schlug sie die Falltüre des Kellers zu, aber sie konnte nicht davon, etwas hielt sie fest. Zum Glück aber war nur ihr Rockzipfel in der Türe eingeklemmt gewesen. Auf gar keinen Fall wollte sie noch einmal alleine in den Keller gehen und wartete daher auf ihren Mann. Der aber kam und kam nicht nach Hause. Voller Unruhe eilte sie zum Zechenhaus, wo man ihr bedeutete, daß ihr Mann heute gar nicht zur Schicht erschienen sei. Voller Sorge kehrte sie nach Hause zurück. Dort hörte sie wieder dieses merkwürdige Pochen und dazu eine leise, kläglich rufende Stimme, die ihre bedeutete, doch endlich die Kellerluke aufzumachen. Voller Angst holte sie die Nachbarn zu Hilfe und wie alle zusammen nun die Klappe nochmals öffneten, gewahrten sie darin eine schwarzgesichtige Gestalt mit wütend funkelndem Blick. Es war niemand anderes als ihr vermißter Ehemann, der von einem nahen Stollen aus, wo er gerade gearbeitet hatte, unwissentlich einen Durchbruch zu seinem eigenen Hauskeller geschlagen hatte. Auf seine berechtigte Frage, ob sie denn seine Stimme nicht gehört und geöffnet habe, erklärte die Frau ernsthaft: ›Ich dachte der Teufel wäre im Keller und hätte deine Stimme angenommen!‹ Diese merkwürdige Geschichte soll sich vor etwa 200 Jahren zugetragen haben.[281]

Eine **zweite Geschichte** über ein im Ziegenberg verortetes Ereignis ist jedoch von traurigen Charakter: Im Jahre 1907 verließen die beiden 16- und 17-jährigen Jugendlichen Otto Gölitzer und Willy Volkmar eines Abends ihr Zuhause und kehrten nie wieder. Da sie sich am Vortage bei einem Bergmann, der auf dem Ziegenberg wohnte, eine Grubenlampe entliehen hatten, vermutete man zunächst, sie seien oberhalb des Schützenhauses am Ziegenberge über einen, damals noch offenen Zugang in die dortigen Hohlräume eingestiegen. Mehrere Tage suchte eine ganze Mannschaft in den ausgedienten Grubengehauen nach ihnen, am Ende leider ohne Erfolg. So vermutete man, die beiden hätten ihre Einfahrt nur vorgetäuscht, und wären in Wirklichkeit heimlich nach Amerika oder ein anderes Land ausgewandert. Daß junge Leute Hals über Kopf davonliefen, um in der Ferne ihr Glück zu machen, war in jenen Tagen keine Seltenheit. Bald war die Sache vergessen, bis sich in der Zeit nach dem Zweiten Weltkrieg ein Anwohner über einen alten Stollen dort wieder Zutritt verschaffte und in den tiefer gelegenen Hohlräumen etwa 20 m vor einem verschütteten Mundloch entfernt zwei menschliche Skelette mit zerfallenen Kleidern an der Wand lehnen sah. Nach einer anderer Darstellung sei es bereits vor dem Kriege zu diesem Fund gekommen, als die Tauglichkeit der alten Gehaue zu Luftschutzzwecken untersucht werden sollte. Damals wäre aber nur ein Skelett gefunden und als das von Willy Volkmar identifiziert worden. Mitgeborgen wurden auch verrottete Schuh- und Kleiderteile, eine goldene Taschenuhr und eine Grubenlampe. Seine Mutter war zu der Zeit noch am Leben. Dieser übergab der Finder eines Abends die Knochen in einem Sack und verschaffte ihr so endlich Gewißheit.[282]

Es begab es sich einmal, daß ein armer Bergmann in der Berchtennacht von Bucha nach Könitz zurückkehrte. »Auf dem Kreuzwege trat ihm Perchta drohend entgegen und verlangte, daß er ihren Wagen verkeilen sollte. ›Ach gute Frau!‹, klagte der Mann, ›Ich verstehe nichts vom Fuhrwerke, ich bin Bergmann; hab auch weder Holz, noch ein Messer bei mir!‹. Perchta aber reichte ihm beides und so schnitzte er, so gut es gehen wollte, einen Keil und paßte ihn in Perchtas Wagen ein, die ihm die abgefallenen Späne als Lohn für seine Willfährigkeit schenkte. Er las dieselben sorgsam auf, Perchta selbst war ihm dabei behilflich und zu Hause zog er in Perchtas Gabe Gold in Mengen aus allen Taschen.«[283] Der Lohn kam ihm sehr zustatten, seine Frau nämlich hatte gerade Zwillinge geboren. Ebenfalls in einer ›Berchtennacht kam auch eine Frau aus Rockendorf »den Weg von Könitz nach dem Zollhause in wichtiger Angelegenheit und in der stillen Voraussicht, daß ihr die auf dem Roten Berge hausende Berchta jeden Augenblick begegnen könnte. Kaum gedacht, sah sie plötzlich quer über die Straße ein Netz gespannt. Wer sollte ihr anders, die es eilig hatte, den Schabernack gespielt haben, als Berchta. Glücklicherweise fielen ihr der Rat und die Worte ihrer Großmutter ein, vor solchem Netz zu sprechen: ›Siel durch!‹ In ihrer Angst rief sie darum laut ›Siel durch!‹ und alsbald war das Netz verschwunden.«[284]

## Der Wilde Jäger

»Als in früherer Zeit noch die Bergleute nach Kaulsdorf in die alte Brauerei zu Biere gingen, hörten sie einmal des Nachts auf ihrem Nachhausewege, wie der Wilde Jäger im Breiten Holze bei der Schmelzhütte in der Wutsche jagte. Da kam ein schöner kleiner Hund ganz nahe an die Bergleute herangehetzt und ein Bergmann fing ihn und steckte ihn unter seinen Wams. Als er aber heimkam und den Hund herausnahm, hatte er einen Kienstock in der Hand.«[285]

Der Kaulsdorfer Wirt aber fürchtete den Wilden Jäger nicht,

denn als dieser wieder einmal in des Wirts Gehölze sein Wesen trieb, rief er diesem zu: ›Du jagst nun schon so lange, aber mir bringst du niemals etwas von deiner Beute!‹ Das hätte er lieber unterlassen sollen, denn am Morgen darauf hing ein Stück Aas vor seiner Tür. »Er wollte es wegbringen, doch es gelang ihm nicht, und brachte er es mit Gewalt an einen anderen Ort, so war es in nächster Nacht wieder da. Endlich klagte der Wirt dem Nachbar seine Not. ›Weißt du was‹, sagte er, ›wenn er wieder jagt, so gehe hinaus und sprich: Ein Stück Wild hast du mir wohl gebracht, nun bringe mir auch Salz, daß ich es braten kann.‹ Der Wirt tat es und am folgenden Morgen war das Aas weg.«[286] Salz wurde früher auch gegen Zauberei und überhaupt gegen das Böse eingesetzt, man glaubte nämlich es zerstreue astrale Netze, die sich um etwas oder um jemanden geschlungen haben.

# Epilog

*»Normalerweise führen Exkursionen zu realen Stätten, die Geschichte erlebbar machen. Eine Wanderung über den Roten Berg aber führt auch an irreale Stätten, die nur noch in der Imagination des Einzelnen aufgrund überlieferter und rekonstruierter Fakten bestehen.«*[287]

Die Hinterlassenschaften des Bergbaus mit ihrem Schachtgetrümmer, den Zechenhäusern und den zahlreichen Halden mit ihren Flurgehölzen hatten auf dem Roten Berg eine ziemlich lebhafte und bewegte, äußerst kleinteilig strukturierte Kulturlandschaft geschaffen, wo es hinter jeder Ecke etwas Neues zu entdecken gab. Mit der um 1960 beginnenden industriellen Landwirtschaft jedoch hat man durch Einebnung zahlreicher Raine und Halden die Gegend ihres natürlichen Charmes und Charakters mehr und mehr beraubt – und eintönige, windoffene Großschläge geschaffen, was nicht nur der vielfältigen Flora und Fauna abträglich war, sondern auch archäologisches Terrain zerstörte. Dem folgte bald die Energiewirtschaft mit einer Hochspannungsleitung nach der anderen, und wenn der Gipfel der Landschaftszerstörung erreicht sein wird, dann auch noch mit Windrädern und 5G-Mobilfunkmasten.[288]

## Anhang: Maxhütte Unterwellenborn [1873-1996]

Eine Darstellung der neueren Geschichte des Montanwesens im Umfeld des Roten Berges wäre nicht vollständig, ohne die Entwicklung der Maxhütte einmal kurz darzustellen: Diese trat im Jahre 1872 als Zweigwerk der Bayerischen Eisenwerksgesellschaft Maximilianshütte Sulzbach-Rosenberg [bei Amberg in der Oberpfalz] ins Dasein. In diesem ›Land der Schmelzhütten‹ hatten die beiden Belgier Telemaque Michiels und Henry Goffar 1851 eine Hüttengesellschaft gegründet und den tatkräftigen Hütteningenieur Ernst Fromm, der vordem unter dem erfolgreichen Lexikologen, aber glücklosen Montanunternehmer Joseph Meyer bei der Deutschen Eisenbahnschienen-Compagne in Neuhaus-Schirschnitz tätig gewesen war, als technischen Leiter gewonnen. Dieser entwickelte das Unternehmen in der Folge zu einer der größten Eisenhüttengesellschaften Süddeutschlands.[289] Kaum hatte das Konsortium im Jahre 1865 die Lizenz zur Stahlherstellung nach dem fortschrittlicheren, aber auch anfälligeren Bessemer Verfahren erworben, ließ es in Haidhof [heute Maxhütte-Haidhof] bei Regensburg ein Stahlwerk errichten, nur um dann feststellen zu müssen, daß aus dem phosphatreichen Eisenerzen der Oberpfalz auf solche Art kein hochwertiger Stahl zu erzeugen war. Generaldirektor Fromm, der um die Qualität der phosphorfreien und maganhaltigen Eisenerze vom Roten Berg wußte, nutzte den Konkurs der Vereinigten Reviere Kamsdorf [1867], um 1868 die Bergrechte dieser Gesellschaft zu erwerben, und schon 1870 konnte der Abbau in Kamsdorf wieder beginnen. Inzwischen war die Bahnstrecke Gera-Eichicht projektiert und ihre Fertigstellung Ende 1871 ermöglichte die Anfuhr von Kok aus Zwickau. Jetzt konnte Fromm seinen Oberingenieur Ferdinand Chelius mit der Projektierung einer Hochofenanlage in der südöstlichen Röblitzer Flur nahe des Unterwellenborner Bahnhofs beauftragen. 1872 begannen die Bauarbeiten und schon im Januar 1873 konnte der erste Hochofen eingeweiht werden. Am 10. Juni endlich floß dann das erste Roheisen,[290] wodurch »erstmals in Deutschland Stahl nach dem Bessemer-Verfahren

problemlos erzeugt werden konnte. 1882 arbeiteten drei Hochöfen, das Konverterstahlwerk belieferte ein Block- und Schienen-
walzwerk. 1876 wurde eine Schmalspur-Erzbahn von Kamsdorf zur Eisenhütte projektiert und 1882 in Betrieb genommen.«[291] Jährlich wurden rund 50.000 Tonnen hochwertiges
Eisenerz [Braunstein I] zunächst auschließlich in den Gruben
von Kamsdorf, dann auch vermehrt in den Ausläufern des Erzfeldes bei Oberwellenborn abgebaut, bis die Vorkommen an
Braunstein I gegen Ende der 1890er-Jahre erschöpft waren
und die Produktion von Spiegel- und Bessemer-Eisen zurück-
gefahren werden mußte. Durch einen Vertrag mit der Sächsischen Staatsbahn wurde die Stahl- und Schienenproduktion
ab 1898 nach Chemnitz verlagert und die Maxhütte arbeitete
in den darauffolgenden Jahren nur noch als reiner Hochofen-
betrieb – zunächst nur mit einem, ab 1903 dann wieder mit
zwei Hochöfen. Durch die Einführung des Thomasverfahrens
konnten die Maxhütte inzwischen Chamositerze verarbeiten und
erwarb in Thüringen verschiedene phosporhaltige Silureisenvorkommen. Mit Eröffnung der Bahnverbindung Probstzella-Tau-
benbach [bei Schmiedefeld] 1898 konnte der volle Betrieb der
dortigen Gruben aufgenommen werden. Weitere Chamosit-Ei-
senerz-Vorkommen wurden 1906 am Eisenberg und bei Unterwirbach im Wittmannsgereuther Tal im Tage- und Tiefbau aufgetan und seit 1930 verstärkt abgebaut. Von 1943 bis 1975
existierte sogar eine 12,5 km lange Erzseilbahn über den
Breitenberg, die Gartenkuppen und den Roten Berg nach der
Maxhütte. Zur Verhüttung dieser kieselsauren Erze bedurfte
es jedoch im großen Umfang kalkhaltiger Schmelzzuschläge,
wie sie die schwächer bzw. unvererzten Brauneisensteine [Braun
II und III] im Umkreis der Ortslage von Goßwitz boten. Ihre
Gewinnung erfolgte zunächst noch unter Tage über den, im
Kamsdorfer Revier damals üblichen Pfeiler-Kammerabbau [bis
1958] und nach dem Ersten Weltkrieg, als man die Spreng-
löcher mit Bohrhämmern einschlagen konnte, zunehmend und
schließlich nur noch in Tagebauen [bis 1968]. Der Bedarf an
Kalk war zwischenzeitlich so hoch, daß selbst in der Mittleren

Orlasenke zwischen 1900 und 1940 zwei große Tafelberge, der Öpitzer Felsenberg und der Krölpaer Buchenberg, abgetragen und unweit davon als kegelförmige Halde aus Schlacken und Aschen wiederaufgebaut wurden. Der Abraum sowie die nicht verwertbaren Verhüttungsrückstände landeten jedoch neben dem Hüttenwerk auf großen, am Ende mehrere Quadratkilometer umfassenden Halden an den nordöstlichen Abhängen des Roten Berges.[292]

Neuen Aufschwung für die Maxhütte Unterwellenborn bracht die Fusion der Länderbahnen zur Deutschen Reichsbahn [1920] und die Übernahme des Werkes durch den Flick-Konzern [1921]. Man faßte den Beschluß, den Betrieb grundlegend zu modernisieren und zu einem gemischten Hüttenwerk zu erweitern: Fortan erbliesen Thomas-Konverter den Stahl. Aus einer neuen Walzanlage kamen Eisenbahnschienen und Eisenträger. Die Schlacke aus den Konvertern wurde zu ›Thomasmehl‹ – einem kalkigen Düngemittel – verarbeitet. Die Energie für das Hochofenwerk lieferte eine moderne Gasmaschinenzentrale [1921-1928], die als Technisches Schaudenkmal bis heute erhalten ist. Darin steht noch eine von ehedem sieben Gasdynamomaschinen zur Stromversorgung aus Hochofengichtgas. »Die größte von ihnen – ein Kolbengebläse für die Windversorgung der Thomaskonverter – war 27 m lang. Mit dem Generator konnte eine elektrische Leistung von 2 MW erzeugt werden.«[293]

Schon in den 1920er-Jahren begann der Bau von Werkswohnungen, vorwiegend in Kleinkamsdorf. Als Direktor fungierte seit 1900 Karl Chelius, der Sohn des Hüttenerbauers. Ein Jahr vor seiner Pensionierung, stieg die Maxütte auch in die Rüstungsproduktion ein. Mit Fördermitteln vom Heereswaffenamt wurden Werk wie Gruben auf volle Leistung gefahren, aber auch ein Preßwerk für Granatrohlinge eingerichtet. Im Kriege kam es zum Bau eines Elektrostahlwerks und die Gewinnung geringvererzten Kalks um Goßwitz erreichte 1943 mit 250.000 t sein Allzeithoch. Die Maxhütte arbeitete bis unmittelbar kurz vor Kriegsende, bis ausbleibende Kokslieferungen und ein amerikanischen Luftangriff, der im April 1945 die Hauptgas- und Windleitungen kappte, die Produktion zum Stillstand brachte.[294]

»Nach Kriegsende wurde die Maxhütte zur ›Mutter der Metallurgie‹ in Ostdeutschland. In der sowjetisch besetzten Zone standen nur ganze vier Hochöfen – und diese in Unterwellenborn,«[295] nachdem die anderen Roheisenproduzenten in Gröditz, Riesa, Hennigsdorf und Freital als Reparationsleistung an die Sowjetunion abgebaut und abtransportiert worden waren. Im Februar 1946 blies man unter großer Anteilnahme von Belegschaft und Bevölkerung in Unterwellenborn den ersten Hochofen wieder an. Am 5. Juni des Jahres jedoch wurde das Werk enteignet und zunächst als SAG-Betrieb und ab 1. Juli 1948 dann als Volkseigener Betrieb [VEB Bergbau- und Hüttenkombinat Maxhütte] weitergeführt.[296] Die ›staatstragende Bedeutung‹ von ›Max‹, wie das Werk bald liebevoll genannt wurde, rechtfertigte auch staatsweite Medienaktionen zur Betriebssicherung und zum Ausbau der Hütte. Eine ungeahnte Aufbaustimmung herrschte in diesen Tagen. Neben der Losung: ›Aus Stahl wird Brot!‹ war es vorallem das erste große FDJ-Jugendprojekt: ›Max braucht Wasser!‹, das Tausende junger Menschen aus dem ganzen Land, dazu motivierte, am 4. Januar 1949 bei grimmiger Kälte und hartgefrorenem Boden mit Pickel und Schaufel mit den Ausschachtungsarbeiten für die dringend benötigte Kühlwasserleitung zu beginnen. Schon am 1. April war die von der Saale zunächst über einen Steilhang von 170 m hinauf und dann über den Roten Berg nach Unterwellenborn führende, etwa 5 km lange Rohrleitung vollendet, was anschließend als ›leuchtendes Beispiel sozialistischer Tatkraft‹ gefeiert wurde.

Dem folgten weitere Jugendinitiativen wie ›Max braucht Schrott!‹ oder ›Max braucht Knochen!‹. Bei ersterer mußte der Eifer zeitweise gebremst werden, nachdem einige Stahlträgerkonstruktionen, wie Eisenbahnbrücken von stillgelegten Schienentrassen, mit zum Opfer gefallen waren, nur um Stahlträger aus kapitalistischer Produktion so schnell wie möglich in solche

*Revierhaus*

*Maxhütte*

*Kulturpalast*

143

aus sozialistischer Produktion umschmieden zu können.[297]

Für die Wirtschaftskraft der jungen Republik prekär waren Prognosen, wonach die Versorgung der ›Maxhütte‹ mit verhüttbarem Material bis zum Jahre 1965 abbrechen könnte, da die Vorkommen in Wittmannsgereuth und Schmiedefeld langsam zur Neige gingen. Mit einem dieser Verzweiflung entsprechendem Kostenaufwand ging es allenortes an die Mutung neuer Eisenvorkommen. Große Hoffnungen setzte man u.a. darauf, den Eisenerzabbau nördlich von Schleiz wieder in Gang zu bringen, worauf man von 1951 bis 1956 unter großem Aufwand Schächte abteufte und kilometerlange Untersuchungsgänge angelegte, am Ende aber keine Halbtonne Roherz gewinnen konnte, worauf ein hoher SED-Funktionär sogar noch tönte: ›Und wenn der Nagel eine Mark kostet – aber es ist UNSER EISEN!‹[298]

Die Sozialeinrichtungen der Maxhütte standen über dem Niveau vieler anderer DDR-Betriebe. Die ehemalige Chelsius-Villa in der Gorndorfer Straße wurde zu einem Betriebskrankenhaus. Das repräsentative Haus Bergfried der Hüthnerschen Mauxion-Schokoladenfabrik mit seinem großen Park erhielt der Betrieb zunächst als Kinderwochenheim und 1948 dann als Sanatorium ganz übereignet. Große Bedeutung gewann die, 1958 an der Hauptstraße in Unterwellenborn eröffnete Betriebspoliklinik mit 145 Räumen, wo neben Ärzten und Zahnärzten auch Laboranten, Apotheker, Physiotherapeuten wirkten, ja sogar eine Bäderabteilung mit integriert war. Damit mehr Frauen beschäftigt werden konnten, entstanden schon frühzeitig in Unterwellenborn und Kamsdorf Betriebskindergärten. Auch der 1949 am Gelängeweg eröffnete neue Schulneubau hätte ohne die Maxhütte eine andere, bescheidenere Entwicklung genommen. Eine eigene Wohngenossenschaft schuf für die Werksangehörigen sowohl in Unterwellenborn-Röblitz als auch in Kleinkamsdorf und Oberwellenborn mehrere Hundert Wohnungen, woneben viele Mitarbeiter auch von dem Bezugsnetzwerk des Kombinats profitierten und sich Eigenheime errichten konnten.

Die bereits in den 1930er-Jahren etablierten Aus- und Weiterbildungseinrichtungen der Hütte erstanden 1948 in einer Betriebsberufsschule neu. Anfänglich hausten die Lehrlinge teils in Wohnbaracken, teils mußten sie von ihren Unterkünften in Saalfeld und Oppurg mit dem Maxhüttenbus umständlich herangefahren werden. Dieser Maxhüttenbus leistete überhaupt einen großen Beitrag für die Entwicklung des öffentlichen Nahverkehrs in den Kreisen Saalfeld und Pößneck. Das neue Jugenddorf westlich der alten Ortslage von Kleinkamsdorf verbesserte ab 1950 endlich die Situation.

Nach Ansicht vieler Einwohner ›zum schönsten, was Unterwellenborn besitzt‹, wurde der 1955 nahe der Unterwellenborner Heide eröffnete große Kulturpalast ›Johannes R. Becher‹, bestehend aus einem zentralen Baukörper mit monumentaler Eingangshalle und rückwärtigem großen Saal mit Bühne, und zwei links und rechts parallel dazu angeordneten Nebentrakten, alle drei vorn mit Säulen unter je einem Dreiecksgiebel.[299]

Gemäß ihrer Bedeutung als größter Formstahlproduzent der DDR mit – wenn man die Nebenbetriebe und die Sozialeinrichtungen mit berücksichtigt – in Spitzenzeiten mehr als 7.000 Mitarbeitern wurde die Maxhütte in den folgenden Jahrzehnten durch zahlreiche Investitionen modernisiert und erweitert: »In den Jahren bis 1989 erlebte die Maxhütte ihre größten und einschneidendsten Veränderungen. Das Hochofenwerk, das viele Jahre vier Hochöfen gleichzeitig betrieb, wurde komplett rekonstruiert.«[300] – »Der Bau einer Rennanlage, einer neuen Möllerung, der Schlackenverwertung, eines Ringwalzwerkes und die Elektrifizierung der Blockwalzstraße gehörten dazu. Neue Verfahren wurden weiterentwickelt und angewandt«[301] wie in den 1970er-Jahren der Wechsel vom Thomas-Stahlverfahren auf das modernere bodenblasende Sauerstoff-Konverter-Verfahren, und das Einblasen von Kohlestaub in die Hochöfen. Die von 1979 bis 1984 erbaute Kombinierte Formstahlstraße [Duo- und Trio-Walzstraße] galt seinerzeit als ›modernstes Walzwerk Europas‹.[302]

Am Vorabend der politischen Wende 1989/90 war die Maxhütte mit etwas über 6.000 Mitarbeitern und 50% der industriellen Produktion des Kreises Saalfeld der mit Abstand stärkste Betrieb in der Region: »Ihr Produktionsprogramm umfaßte Roheisen, verschiedene Stähle und gewalzte Profile, das Preßwerk stellte Ringe, Mahlkugeln und Schmiedeteile her. ... Zur Maxhütte Unterwellenborn gehörten die Zweigbetriebe Dolomitwerk Wünschendorf, Stahlverformungswerk Ohrdruff, ISOKO Schmiedefeld und Rationalisierungsbau Öpitz. Die Maxhütte war eingebunden im VEB Qualitäts- und Edelstahlkombinat.«[303]

Zu den nicht metallurgischen Erzeugnissen der Hütte zählten neben den verarbeiteten Schlackenrückständen des Hochofenbetriebs wie Düngemittel [Thomasmehl], Hochofenzement und Gußblock-Bauelemente auch Bausteine und Kalke aus dem hütteneigenen Großtagebau Kamsdorf [eigentlich Goßwitz]. Im Jahre 1963 zur Gewinnung von Kalk als Schmelzzuschlag eröffnet, belieferte er bald auch andere Hüttenwerke in der DDR und diente schon ab 1968 überwiegend der Gewinnung von Baustoffen. Infolge der Inbetriebnahme einer eigenen Förderbrücke in Richtung Könitzer Bahnhof wurde auch die Kamsdorfer Grubenbahn 1967 stillgelegt. Das schon seit 1907 zunächst als Betriebsteil des Zementwerks Göschwitz eröffnete Zementwerk der Maxhütte lieferte auch den Hochofenzement für den Bau der Talsperren der Saalekaskade. Die im Jahre 1900 von der Maxhütte eröffnete, bald größte Ziegelei im Raum Saalfeld stellte bis 1958 alljährlich viele Millionen Schlackensteine im Ziegelformat her, wobei ihr bis 1962 betriebener Ringofen auch Ziegel aus Zechsteinletten brannte. Zudem begann 1953 die Herstellung von Betonhohlblocksteinen, die 1968 mit mehr als 7,5 Mio. Stück einen Höhepunkt erreichte. Zahlreiche Werkshallen, aber auch die Fundamente anderer Gebäude wurden damit gebaut, wodurch sie aus baugeschichtlicher Sicht zu ›Leitfossilen der DDR-Zeit‹ avancierten.[304]

»Die Rekonstruktion von Hochöfen und Konvertern sowie der Bau der Profilwalzstraße konnten technisches und kommerzielles Zurückbleiben hinter dem Weltstand nicht bremsen.«[305] Gerade das erst 1985 eröffnete neue Walzwerk konnte am Ende nicht mehr in die Waagschale geworfen werden, als nach der Wende der bislang staatlich stark gestützte, auf die vormalige Wirtschaftsstruktur voll und ganz ausgelegt gewesene Betrieb plötzlich und ohne Zwischenstufen nach seiner nackten Effizienz bewertet und behandelt wurde. Dies geschah, nachdem der Staatsbetrieb am 1. Juli 1990 zu einer GmbH im Besitz der Treuhandanstalt devanciert war, die nun nach einem finanzstarken Investor suchen mußte.

Nachdem ein Teil des Betriebsgeländes »am 17. März 1992 an die Luxemburger Arbed-Gruppe verkauft worden war, wurde am 10. Juli 1992 der letzte Hochofen-Abstich vorgenommen, womit eine 120-jährige Geschichte der Roheisenproduktion beendet wurde.«[306] Die Formstahlproduktion aber lief weiter. »Um nach der Schließung der unwirtschaftlichen Flüssigphase der Maxhütte (Hochofen – Stahlwerk – Gießbetrieb – Walzwerk) die Versorgung des Walzwerkes auf eine sichere, von Fremdzulieferungen unabhängige und zugleich kostengünstige Basis zu stellen, war der Bau eines eigenen Stahlwerks unerläßlich.«[307]

»Am 11. November 1995 ging das neue Elektrostahlwerk in Betrieb, das zusammen mit dem Walzwerk die ›Stahlwerk Thüringen GmbH‹ bildet, in der 700 Beschäftigte arbeiten.«[308] »Ein 120-Tonnen-Lichtbogenofen schmilzt Schrott, erzeugt seit 1995 über 600.000 Tonnen Stahl jährlich, sichert damit die Versorgung der Stranggußanlage und der Profilwalzstraße.«[309] »Die Maxhütte Unterwellenborn selbst wurde im Sommer 1996 aus dem Handelsregister gestrichen. Das Werk wurde im Jahr 2007 aus der ›Arcelor-Mittal-Gruppe‹ ausgegliedert und von der spanischen ›Grupo Alfonso Gallardo‹ übernommen. Seit Februar 2012 gehört das Werk zur brasilianischen Stahlgruppe ›Companhia Siderúrgica Nacional‹ (CSN).«[310] Ein Teil des alten Industriegeländes wurde abgerissen, was die Umverlegung der B 281 aus dem Ort ermöglichte, ein anderer ging ab 1993 in einem über 200 ha großen Gewebegebiet auf.[311]

# *Bibliographie*


1. Wilhelm **Adler**: Die Sagen der Vorzeit, Götterhayne, Steinaltäre, alte Kirchen, Kapellen, Klöster, Abteyen, Burgen, Wüstungen, Heidenringe, alte Straßen, Volksspiele, In- und Aufschriften, Glasmalerei und Volksaberglauben im Orlagau [auszugsweise veröffentlichtes Manuskript], in: 18. und 19. Jahresbericht (1843/44) sowie 25-27. Jahresbericht (1850-52) des Voigtländischen Altertumsforschenden Vereins zu Hohenleuben.

2. Paul **Arnold** u.a.: Sächsisch-Thüringische Bergbaugepräge – Gewinnung und Verhüttung von Gold, Silber und Kupfer im Spiegel der Münzen und Medaille, Leipzig 1978.

3. Alfred **Auerbach**: Die vor- und frühgeschichtlichen Altertümer Ostthüringens, Jena 1930.

4. **Ausgrabungen und Funde** – Archäologische Berichte und Informationen (Hg. v. Zentralinstitut für Alte Geschichte und Archäologie der Akademie der Wissenschaften Berlin), 1956-1990.

5. **Autorenkollektiv**: Heimatbuch Kreis Ziegenrück (Hg. im Auftrage des Landkreises Ziegenrück durch die Heimatforschende Vereinigung Burg Ranis e.V.), Pößneck 1938.

6. **Autorenkollektiv**: Zwischen Saale und Orla – Heimatbuch des Kreises Pößneck, Pößneck 1957.

7. Ludwig **Bechstein**: Der Sagenkreis Ranis und Saalfeld, Coburg, in: Thüringer Sagenbuch, Gotha 1858.

8. Franz **Beyschlag**: Die Erzlagerstätten der Umgebung von Kamsdorf, in: Jahrbuch der Königlich-Preußischen Geologischen Landesanstalt, Berlin 1888, S. 329-377.

9. Alexander **Blöthner**: 1640 – Die Schlacht um Saalfeld [Saalfelder Lager], in: Der Dreißigjährige Krieg in Thüringen [1618-1648] Östlicher Teil: Reuß, Orlagau, Schwarzburg, Holz- und Osterland (Pl.H. Bd. 10), Norderstedt 2018, S. 176-190.

10. Alexander **Blöthner**, Harry Blöthner: Weyrische Chronik, Band 2: Beiträge zur Wirtschafts-, Schul- und Kirchengeschichte sowie zur Ortsflur und zur Infrastruktur von Weira (Pl.H. Bd. 32), Plothen 2016.

11. Alfred **Born**: Die historische Eisenstraße, in: Saalfelder Heimat, Nr. 1, 1956, S. 18ff.

12. Wilhelm **Börner**: Volkssagen aus dem Orlagau nebst Belehrungen aus dem Sagenreiche, Altenburg 1838.

13. Gottfried **Brandler**, Günther Lucke, Heinz Mahn, Hanfried Sachse, Lothar Bortenreuter: Bezirk Gera, in: Architekturführer DDR, Berlin 1981.

14. Georg Martin **Brückner**: Landeskunde des Herzogtums Meiningen, Zweiter Theil: Topographie des Landes, Meiningen 1853.

15. Dieter **Coburger**: Zur frühen Geschichte des Weinbaus in Thüringen – Sonderveröffentlichung anläßlich der Fachtagung zur frühen Geschichte des

16.   deutschen Gartenbaus in Erfurt unter Verwendung der Vorträge von der Naumburger Weinbau-Gesellschaft 1835 e.V., Erfurt 1993.

17. Friedrich **Danz**: Sagenkranz – 100 Sagen aus der Oberherrschaft des Fürstenthums Schwarzburg-Rudolstadt, erzählt und zusammengestellt von Friedrich Danz, Rudolstadt 1892.

18. Friedrich **Danz**: Mittheilungen über Steinkreuze, in: Schwarzburg-Rudolstädtische Landeszeitung, Nr. 116/77, Rudolstadt 1884.

19. Helmut **Decker**: Das Ende der Zeche ›Himmelfahrt‹ – Ein Bruch und seine Folgen für Kamsdorf und Unterwellenborn, in: Wir in Thüringen 12 (2002), S. 195-200.

20. Helmut **Decker**: Der Eisenerzbergbau bei Schleiz, in: Heimatjahrbuch des Saale-Orla-Kreises, 2005, S. 110-114.

21. Helmut **Decker**, Peter Lange: Der Montanlehrpfad Kamsdorf – Ein Beitrag zur Geschichte des Bergbaus im Kamsdorf-Könitzer Bergrevier, Kamsdorf 1999.

22. Georg **Dehio**: Handbuch der deutschen Kunstdenkmäler (Bearbeitet von Stephanie Eißing, Franz Jäger u.a.), München 1998.

23. Richard **Denzler**: Bergmannsberuf und die Sprache der Kumpel, in: Oberlandbote 1961, Heft 7, S. 223ff.

24. Heinz **Deubler**, Richard Künstler, Gerhard Ost: Steinerne Flurdenkmale in Ostthüringen (Bezirk Gera), Pößneck 1978.

25. Werner **Dietzel**: Alte Grenzsteine an der Saalfelder Stadtgrenze, in: Saalfelder Weihnachtsbüchlein 95 (1998), S. 30-41.

26. Werner **Dietzel**: Damals an Saale und Loquitz – Heimatbuch der Einheitsgemeinde Kaulsdorf/Saale, Teil **I**: Kaulsdorf und Tauschwitz einschließlich der Vor- und Frühgeschichte der ganzen Einheitsgemeinde und ihres Umlandes, Saalfeld 1994, Teil **II**: Eine heimatgeschichtliche Wanderung durch Fischersdorf, Breternitz, Weischwitz, Eichicht, Hockeroda und Hohenwarte, Saalfeld 2000.

27. Werner **Dietzel**: Das Rüstungswerk im Wutschental zwischen Kaulsdorf und Kamsdorf, in: Wir in Thüringen 2000, S. 151-55.

28. Werner **Dietzel**: Die Hexe von Obernitz, in OTZ, Lokalteil Saalfeld (04., 08., 15., 22.09.1990).

29. Werner **Dietzel**: Die Trockenmauer auf dem Gleitsch, in: Saalfelder Heimat 1959, S. 125.

30. Werner **Dietzel**: Katharina Weber und die Hexenverfolgung in unserer engeren Heimat, in: RHH 44 (1998), Nr. 1/2, S. 27-34.

31. Werner **Dietzel**: Mühlen zwischen oberer Saale und Thüringer Becken – Wasserräder und Turbinen in Mühlen, Hammerwerken und Schmelzhütten im Einzugsgebiet der Saale sowie der Windmühlen auf den umliegenden Hochflächen, Bad Langensalza 2012.

32. Werner **Dietzel**: Wasserräder und Turbinen n Mühlen, Hammerwerken und Schmelzhütten in den Seitentälern der Saale, Teil 1, in: RHH 55 (2009) Nr. 7/8, S. 183-190.

33. Rudolf **Drechsel**: Sagen und alte Geschichten aus dem Orlagau, Wernburg 1934.

34. Sigrid **Dušek**: Ur- und Frühgeschichte Thüringens, Stuttgart 1999.

35. Hans Walter **Enkelmann**: Chronologie der Osterspaziergänge (1995-2004), in: PHbl Sh 2004.

36. Hans Walter **Enkelmann**: Die Kotschau von der Quelle bis zu ihrer Mündung (3 Teile), Nr. 1 in: PHbl 2000, S. 27-32, Nr. 2, S. 23-29, Nr. 3, S. 14-23.

37. Hans Walter **Enkelmann:** Spuren des Pößnecker Bergbaus in heutiger Zeit, in: PHbl Sh 2011, S. 59-66.

38. Rudolf **Feustel**: Eine endpaläolithische Höhlenstation auf dem Gleitsch bei Saalfeld, in: Ausgrabungen und Funde 15 (1970), S. 238-244.

39. Rudolf: **Feustel**: Ein Lochstab des Magdalénien von der Teufelsbrücke auf dem Gleitsch bei Saalfeld-Obernitz, in: Ausgrabungen und Funde im Freistaat Thüringen 1999, Nr. 4, S. 7-10.

40. Richard **Fötsch**: Die Eisenstadt – Berichte und Geschichten um die Maxhütte Unterwellenborn, Pößneck 2003.

41. Georg Christian **Füchsel**: Historia terrae et maris, ex historia Thuringiae, per montium descriptionem. Actorum Academiae electoralis Moguntinae, Erfurt 1761.

42. O. **Fuesslein**: Die Saalfelder Farbenindustrie, in: Saalfelder Weihnachtsbüchlein 24 (1877).

43. Rudolf **Funke**: Steinkreuze am Wege, in: HIB (08.04.1944).

44. Conrad **Gebhardt**: Geschichtliche Nachrichten über Könitz und seine Filialdorfer – Eine Festausgabe zum 200-jährigen Jubiläum der Kirche zu Könitz, Pößneck 1895.

45. Siegfried **Geigenmüller**: Die Wandsprüche der Gasmaschinenzentrale in der ehemaligen Maxhütte Unterwellenborn, in: Saalfelder Weihnachtsbüchlein, Bd. 101 (2004), S. 16-22.

46. **Gemeinde Kleinkamsdorf** (Hg.): 650 Jahre Kleinkamsdorf – Ein Blick zurück, Saalfeld 1999.

47. Günter **Gerdesius**, Rudolf Koch, Günter Mühle u.a.: 30 Jahre Betriebsberufsschule und 20 Jahre Polytechnik im VEB Maxhütte Unterwellenborn, 1978.

48. **Geschichtskomitee** der BPO des VEB Maxhütte Unterwellenborn: Unsere Maxhütte und ihre Kumpels – gestern, heute , morgen – Teil 1: Geschichte und Traditonen 1979, Teil 2: 30 Jahre GST (bearbeitet v. Klaus Hirsch u. Arbeitsgruppe der GST-Grundorganisation >Conrad Blenkle<) 1982, Teil 3: 30 Jahre Kampfgruppen der Arbeiterklasse (Bearbeiter Rolf und Annegret Hofmann) 1983.

49. **Geschichtsverein Maximilianshütte** (Hg.): Die Maxhütte Unterwel-

lenborn, Teil 1: Vor 1873 bis 1920 – Aus alten Traditionen wächst ein neues Werk (1997), Teil 2: 1921 bis 1945 – Der metallurgische Großbetrieb im Thüringer Land (1998), Teil 3: 1945 bis 1950 – Vom schweren Anfang zum VEB Maxhütte (2004), Teil 4: 1951 bis 1965 – Nach den schweren Nachkriegsjahren neue Zuversicht für den weiteren Ausbau des Werkes (2005), Teil 5: Chronik der Stahlwerke Thüringen GmbH Unterwellenborn von der Gründung am 01.07.1992 bis 31.12.2006, (2007), bearbeitet von Günter Gerdesius (Teile 1-3), Margita Bialetzki (4) Wolfgang Töpfer (5), Weimar 1997-2007.

50. Jacob **Grimm**: Deutsche Sagen (Hg. von Heinz Rölleke), Frankfurt/Main 1994 (1816).

51. Luise **Grundmann**, Gerhard Werner u.a.: Saalfeld und das Thüringer Schiefergebirge. Eine landeskundliche Bestandsaufnahme im Raum Saalfeld, Leutenberg und Lauenstein, Köln u.a. 2001.

52. Helmut **Güntsch**: Stahlwerk Thüringen GmbH – Ein Unternehmen der ARBED-Gruppe, in: Wir in Thüringen 7 (1998), S. 53-57.

53. Fritz **Haardt**: Bergbau im östlichen Kreisgebiet, in: Autorenkollektiv 1957, S. 205f.

54. Udo Hagner: Genealogische Mitteilungen zur Montan-Familie Lindig, in RHH 48 (2002), Nr. 5f., S. 139f.

55. Ulrich **Hartmann**: Zur Entwicklung des Produktionskollektivs im VEB Maxhütte Unterwellenborn unter der politischen Führung der SED-Betriebsparteiorganisation in den Jahren 1951 bis 1961, o.O. 1981.

56. Harry **Heerwagen**: Nikolaus Friedrich Ernst Herthum, der letzte Könitzer Bergmeister, in: Wir in Thüringen 6 (1997), S. 218-221.

57. [**HB**] **Heimatbilder** – Beilage der Pößnecker Zeitung und des Ziegenrücker Kreisanzeigers (Hg. v. Gerold-Verlag Pößneck) bis 1928.

58. [**HIB**] Heimat im Bild – Beilage der Pößnecker Zeitung und des Ziegenrücker Kreisanzeigers, herausgegeben v. Gerold-Verlag Pößneck, 1929-1944.

59. **Heimatjahrbuch** des Saale-Orla-Kreises (Hg. vom Landratsamt Schleiz), ab 1993.

60. Dirk **Henning**: ›Saalfelder‹ Römermünzen im Museum Reichenfels-Hohenleuben?, in: MR – Jahrbuch des Museums Reichenfels 49 (2004), S. 173-178.

61. Hans Heß von **Wichdorf**: Bilder aus der Vergangenheit des Saalfelder Bergbaus, in Saalfische 24 (1912), Nr. 2ff.

62. Axel **Heyder**: Ein Riese ging in den Ruhe – Zeitzeuge der industriellen Entwicklung in Unterwellenborn für jedermann zu besichtigen, in: Thüringer Denkmallandschaft, Ausgabe 2000/01, S. 113ff.

63. Rainer **Hohberg**: Der Schwarze Führer – Thüringen, Freiburg im Breisgau 1998.

64. Alfred **Holder**: Alt-celtischer Sprachschatz, 3 Bände, Stuttgart 1891.

65. Hermann **Hübner**: Aus Schlettweins vergangenen Tagen – Schlettweiner

Chronik (1699-1830), Pößneck 1902.

66. Rudolf **Hundt**: Geologische Wanderung durch das obere Saaletal, Ostthüringen und den nördlichen Frankenwald, Gera 1923.

67. Max Albert **Huthmann**: Oberer Saaletalführer – Ein illustriertes Wanderbuch von Naumburg bis zur Saalequelle sowie in den Tälern der Unstrut, Ilm, Orla, Schwarza und ins Höllental, Erfurt 1913.

68. **Jahresberichte** des Altertumsforschenden Vereins zu Hohenleuben ab 1826.

69. Uwe **John** u.a.: Kulturelle Entdeckungen Thüringen, Band 4: Landkreis Altenburger Land, Stadt Gera, Landkreis Greiz, Stadt Jena, Saale-Holzland-Kreis, Saale-Orla-Kreis, Landkreis Saalfeld-Rudolstadt, Regensburg 2012.

70. Reinhard **Jonscher**: Kleine Thüringische Geschichte, Jena 1993.

71. Wolfgang **Kahl**: Zur Ersterwähnung von Hohenwarte, in: RHH 54 (2008) Nr. 5/6, S. 156f.

72. Ernst **Kaiser**: Das Obere Saaletal zwischen Eichicht und Ziegenrück (Hg. im Auftrage des Landkreises Ziegenrück durch die Heimatforschende Vereinigung Ranis e.V., Pößneck 1938.

73. Andreas **Kastner**: 50 Jahre Großtagebau Kamsdorf, in: RHH 59 (2013), Nr. 7/8, S. 203-207.

74. L. **Katzschmann**, K. Wucher: Die Burgen Thüringens – Geologie, Bausteine, Geschichte, Teil 4: Burgen am Oberlauf der Saale zwischen Lobenstein und Saalfeld (Hg. vom Thüringischen Geologischen Verein e.V.), Weimar 2000.

75. Hans **Kaufmann**: Zur vorgeschichtlichen Erzgewinnung Südostthüringens, in: Saalfelder Kulturblätter (1962), Heft 4, S. 46-54.

76. Hans **Kaufmann**, Klaus Waniczek, Gerhard Werner: Zur Gräberfolge in einem Tumulus am nördlichen Rand des Frankenwaldes bei Fischersdorf, Kr. Saalfeld, in: Ausgrabungen und Funde 35 (1990), S. 244-248.

77. Christian **Keferstein**: Ansichten über die keltischen Alterthümer, die Kelten überhaupt und besonders in Teutschland ... , Halle 1846.

78. Arno **Keilitz**: Sagenschatz des Kreises Ziegenrück – Ein Beitrag zur Heimatkunde, Pößneck (vor 1914).

79. August E. **Köhler**: Volksbrauch, Aberglauben und andere Überlieferungen im Voigtlande, Leipzig 1867.

80. Michael **Köhler**: Heidnische Heiligtümer – Vorchristliche Kultstätten und Kultverdachtsplätze in Thüringen, Jena 2007.

81. Wolfgang **Krause**: Die keltische Urbevölkerung Deutschlands – Erklärung der Namen vieler Berge, Wälder, Flüsse, Bäche, Wohnorte besonders aus Sachsen-Thüringen, der Rhön und dem Harze, Leipzig 1904.

82. Ernst Paul **Kretschmer**: Von alten Handelsstraßen in Ostthüringen, in: Thüringer Jahrbuch 1926, Leipzig 1926, S. 164-179.

83. Andreas **Kühn**: Feste Tradition – Seit zehn Jahren setzt die Stahlwerk Thüringen GmbH in Unterwellenborn ... die Tradition der Stahlherstellung er-

folgreich fort, in: Neue Thüringer Illustrierte 12 (2002), Nr. 9, S. 29.

84. Richard **Künstler**: Die vor- und frühgeschichtliche Besiedlung zur Zeit der Urgmeinschaft, in: Derselbe u.a.: Unser Heimatkreis Saalfeld, Pößneck 1957, S. 63-82.

85. Richard **Künstler**, Heinz Pfeiffer, Karl Scheiding, Fritz Zinn: Unser Heimatkreis Saalfeld (Saale), (Hg. v. Rat des Kreises Saalfeld, Abteilung Volksbildung), Pößneck 1957.

86. Peter **Lange** Der Schieferbruch ›Gut Glück‹ im Mühltal bei Obernitz, in: RHH 59 (2013), Nr. 5/6, S. 145-150.

87. Peter **Lange**: Bergbau, in: Heinze u.a. 2017, S. 99ff.

88. Peter **Lange**: Das Bergamt Saalfeld im 20. Jahrhundert, in: Saalfelder Weihnachtsbüchlein, 109 (2012), S. 48-54.

Peter **Lange**: Der Bergbau am Roten Berg bei Saalfeld unter Regie Preußens und Bayerns (1792-1866), in: Saalfelder Weihnachtsbüchlein 95 (1998), S. 42-48.

Peter **Lange**: Der Bergbau in der Flur Oberwellenborn, in: RHH 56 (2010) Nr. 1/2, S. 22-27.

89. Peter **Lange**: Die Alaun-, Vitriol- und Schwefelsäureproduktion in Thüringen, in: Rudulstädter Naturhistorische Schriften 2 (1989), S. 3-19.

90. Peter **Lange**: Die Bedeutung des ehemaligen Schwerspatbergbaus im heutigen Landkreis Saalfeld-Rudolstadt, in: RHH 44 (1998), Nr. 9/10, S. 226-232.

91. Peter **Lange**: Eisenerkundung in der DDR, in: Schriftenreihe für Geowissenschaften 16 (2007), S. 207-218.

92. Peter **Lange**: Saalfeld als wichtigstes Bergbaurevier der Ernestiner, in: Wir in Thüringen 9 (2000).

93. Peter **Lange**: Zu den Bombenangriffen auf Saalfeld im Jahre 1945, in: RHH 45 (1999), Nr. 7/8, S. 176-179.

94. Max Leimbach: Die Kupferschmelzhütte Stanau (Hg. v. Kulturbund der DDR, Pößneck), Pößneck 1977.

95. Viktor **Lommer**: Das Altenburger Saalthal im Dreißigjährigen Kriege, in: ZVGAKa 4 (1894), S. 13-120.

96. Friedrich **Lundgreen**: Im Stausee von Hohenwarte verschwunden – Die Geschichte von Preßwitz und Saalthal, Pößneck 1938.

97. Hermann **Meyer**: Der Bohlen bei Saalfeld in Thüringen, Saalfeld, 1920.

98. Hermann **Meyer**: Kleine geologische Umschau in der Umgebung von Saalfeld, Saalfeld 1921.

99. Bernhard **Michels**: Der immerwährende, ganzheitliche Natur- und Wetterkalender – Wetter- und Bauernregeln, Einfluß von Mond- und Planeten, Tiere als Wetterpropheten, Los- und Schwendtage, München 1998.

100. Harald **Mittelsdorf**: Chronik der Gemeinde Hohenwarte 1361-1986 (Hg. v. Rat der Gemeinde Hohenwarte).

101. Traugott **Möbius**: Zur Geschichte des Kamsdorfer Bergbaues, in: Autorenkollektiv 1938, S. 113-121.

102. Helmut **Müller**: Gießertradition und Eisengießerei in Unterwellenborn, in: RHH 55 (2009), Nr. 3/4, S. 60-66.

103. Karl H. W. **Münnich**: Die malerischen Ufer der Saale. Mit 60 Ansichten nach der Natur gezeichnet von Julius Fleischmann, Dresden 1844, 1848.

104. N.**N**.: Kamsdorf, in: mineralienatlas.de (abger. 25.01.2021).

105. N.**N**.: Kamsdorf und Gössitz, in: Zeitschrift für das Berg-, Hütten- und Salinenwesen in dem Preußischen Staate 1859.

106. G. **Neumann**: Ein verschütteter Grabhügel der jüngeren Bronzezeit von Reschwitz (Lkr. Saalfeld), in: ThFl (Der Spatenforscher) 5 (1940), Nr. 1, S. 1-8.

107. Der **Oberlandbote** – Heimatzeitschrift mit kultureller Monatsschau der Kreise Schleiz und Lobenstein 1956-1961.

108. Uwe **Petzold**: Steinzeitgräber und ein eisenzeitlicher Ofen auf dem Roten Berg, in: RHH 56 (2010), Nr. 7f. S. 181-186.

109. Heinz **Pfeiffer**: Abriß der Geschichte des Saalfeld-Kamsdorfer Erzfeldes (Ag, Cu, Co, Fe, Ba), in: Fundgrube 17 (1979), S. 15-37.

110. Heinz **Pfeiffer**: Der Kupferbergbau im Saalfeld-Kamsdorfer Erzfeld, in: Veröfftlichungen des Naturhistorischen Mueums zu Schleusingen 3 (1988), S. 39-51.

111. Heinz **Pfeiffer**: Die geologische Erforschung des Thüringer Schiefergebirges von G. Ch. Füchsel bis zur Gegenwart. Rudolstädter Naturhistorische Schriften, 6 (1994), S. 3-20.

112. Heinz **Pfeiffer**: Felsrutsche am Gositz-Fels und ihre Ursachen, in: Saalfelder Kulturblätter 1962, Heft 1 , S. 35ff.

113. Heinz **Pfeiffer**: Johann Friedrich Reichmann – Ein altes Bergmannsschicksal, in: Saalfelder Heimat, 1956/7, S. 80.

114. Heinz **Pfeiffer**: Ostthüringer Silbergruben der Rixa von Niederlothringen als Rohstoffquelle ihrer 1050 zu Saalfeld geprägten Hochrandpfennige, in: Zeitschrift für Archäologie 20 (1986), S. 51-61.

115. Heinz **Pfeiffer**: Saalfeld-Kamsdorfer Erzfeld – Dokumentation, Lagerstätten, Chronik – Unveröffentlichte Recherchen für das Zentrale Geologische Archiv der DDR, Montan-Geologisches Archiv (Maschinenschrift mit Lageskizzen), 1974.

116. [**Pl.H**] Plothener Hefte für Thüringer Regionalgeschichte (Hg. von Alexander Blöthner), ab 2007.

117. [**PHbl**] Pößnecker Heimatblätter (Hg. vom Stadtarchiv Pößneck, Verein für Heimatgeschichte Pößneck e.V.), ab 1995.

118. Oskar **Raßloff**: Goßwitz und seine Landwirtschaft im Wandel der Zeiten, Weida 1910.

119. **Rat des Kreises Saalfeld** (Hg.): Einwohnerbuch für den Landkreis Saalfeld, Saalfeld 1950.

120. Inge **Resch-Rauter**: Auf den Spuren der Druiden – Landschaft und Steine, Festtags-Bräuche und Märchen als Zeugen der großen europäischen Vergangenheit, Wien 2006.

121. Inge **Resch-Rauter**: Unser keltisches Erbe – Flurnamen, Sagen, Märchen und Brauchtum als Brücken in die Vergangenheit, Wien 1992.

122. Carl August **Roback**: Ausführliche geographisch-statistisch-topographische Beschreibung des Regierungsbezirkes Erfurt (mit dem Kreis Ziegenrück), Erfurt 1840.

123. Heinz **Rosenkranz**: Die Ortsnamen des Bezirks Gera, Greiz 1982.

124. H. **Rost**: Entdeckungen am Fuß des Schwarzen Berges, in: OTZ, Lokalteil Saalfeld (02.01. 1993).

125. E. **Roth**, E. Fromm: 75 Jahre Eisenwerksgesellschaft Maximilianshütte 1853-1928.

126. [**RHH**] Rudolstädter Heimathefte  – Beiträge zur Heimatkunde (mehrfacher Herausgeberwechsel) ab 1955.

127. Fritz **Rüger**, Helmut Decker: Bergbaugeschichte, Geologie und Mineralien des Saalfeld-Kamsdorfer Bergreviers in Ostthüringen, in: Veröffentlichungen des Museums für Naturkunde der Stadt Gera 19 (1992), S. 2-70.

128. Karl **Rühl**: Das obere Saaletal, 1. Auflage Ziegenrück 1903, 8 Auflage Sömmerda 1929.

129. **Saalfelder Geschichtsblätter** – Beiblatt zum Saalfelder Kreisblatt, Nr. 1-8 (1931-1938).

130. **Saalfelder Heimat**. Natur – Kultur – Geschichte (Hg. v. Kulturbund zur demokratischen Erneuerung Deutschlands (1956-1961).

131. **Saalfelder Weihnachtsbüchlein** (Hg. v. Heimat-, resp. Stadtmuseum Saalfeld) 1854-1940, ab 1991.

132. **Saalfische** – Beilage zum Rudolstädter Kreisblatt / Beilage zum Saalfelder Kreisblatt, 1887ff., 1892-1914, 1922-1939, N.F. 1993ff.

133. Kaspar **Sagittarius**: Saalfeldische Historien (Im Auftrag der Stadt Saalfeld a.S. zum ersten Male herausgegeben von Ernst Devrient), 2 Bände Saalfeld a.S. 1903/04.

134. Albert **Schiffner**: Supplementbände I-V, zu August Schuhmanns Vollständigem Staats-, Post- und Zeitungslexikon von Sachsen, Zwickau 1827-1833.

135. Gerlinde **Schlenker**, Jürgen Laubner: Die Saale – Porträt einer Kulturlandschaft (Hg. v. Landesheimatbund Sachsen-Anhalt), München u.a. 1996.

136. Claudia **Schmidt** u.a.: Kulturlandschaftsprojekt Ostthüringen – Historisch geprägte Kulturlandschaften und spezifische Landschaftsbilder in Ostthüringen (Hg.: Regionalen Planungsgemeinschaft Ostthüringen), Erfurt 2004.

137. Günther **Schmidt**: Der Saalfeld-Kaulsdorfer Bergkrieg, in: Thüringer Heimat, Weimar 4 (1959), S. 228-244.

138. Günther **Schmidt**: Der Saalfelder Bergbau und sein Recht im 17. Jahrhundert, in: Saalfische 35 (1930), Nrn. 30, 32f, 35, 38.

139. Günther **Schmidt**: Die Saalfelder Bergwerke im 16. Jahrhundert, in: ThFl

2 (1933), S. 296ff.

140. Reiner **Schubert**: Ein Bericht Alexanders von Humboldts über den Bergbau am Roten Berg bei Kaulsdorf aus dem Jahre 1795, in: RHH 17 (1971), Nr. 11/12, S. 256-260.

141. Joachim H. **Schultze**: Die Industriestandorte Saalfeld und Unterwellenborn, Gotha 1936.

142. Peter **Sedlacek**: Unterwellenborn – Restrukturierung der ›Maxhütte‹, in: Thüringen – geographische Exkursionen, Stuttgart 2002, S. 258ff.

143. Willy **Serbe**: Wilhelmsdorf, in: Autorenkollektiv: Zwischen Saale und Orla 1957, S. 194f.

144. Curt **Sesselmann**, Skizzen zur Topographie des Gleitsch und seinen Steinhäusern, abgedruckt bei Künstler u.a. 1957, S. 65, 75, 55.

145. Berthold **Sigismund**: Landeskunde des Fürstenthums Schwarzburg-Rudolstadt, Rudolstadt – 1. Theil: Allgemeine Landeskunde der Oberherrschaft (1862), 2. Theil: Ortskunde (1863).

146. Ernst **Stahl**: Bergmannsbräuche, in: Folklore in Thüringen, Band 1, Arnstadt 1979, S. 72ff.

147. Harald **Stäuble**, Harald Meller, Christian Tinapp: Die Tagebaue im Südraum Leipzig, in: Mittel- und Ostdeutscher Verband für Altertumsforschung (Hg.): Leipzig und sein Umland. Archäologie zwischen Elster und Mulde. (Bearbeitet vom Landesamt für Archäologie mit Landesmuseum für Vorgeschichte Dresden), in: Führer zu archäologischen Denkmälern in Deutschland, Band 32, Stuttgart 1996.

148. Alfred **Streng**: Von der alten Nürnberger Handelsstraße auf dem Saalfelder Gesteig, in: Die Heimat – Blätter für Thüringer Volks- und Heimatkunde – Beilage der Thüringischen Staatszeitung/Landeszeitung, Saalfeld (Saale) 1935, Nr. 4f.

149. Ruth **Ströhl**: Die Maxhütte – 125 Jahre Stahltradition in Unterwellenborn, in: Wir in Thüringen 7 (1998), S. 49-52.

150. Johann Hector von **Sturnbrich**: Bericht über das Saalfelder Klager vom 16 August 1640, in: Schriften des Vereins für Sachsen-Meiningische Geschichte und Landeskunde XXIII (1896), S. 1-15.

151. Claudia **Taszus**, Peter Lange u.a.: Chronik Goßwitz 1381-2011, RHH Sh, Saalfeld 2011.

152. [**ThFl**] Das Thüringer Fähnlein – Monatshefte für die mitteldeutsche Heimat (Beilagen: Thüringer Heimatschutz, Thüringer Sippe, Der Spatenforscher), Jena 1932-1939.

153. **Thüringer Jahrbuch** – Politik und Wirtschaft, Kunst und Wissenschaft im Lande Thüringen (Hg. v. Dr. Scheffler).

154. **Thüringer Landesanstalt** für Umwelt und Geologie (Hg.): Ein Nationales Geotop in Deutschland – Der Bohlen bei Saalfeld/Thüringen (Flyer), Jena 2008.

155. **Thüringer Verband der Verfolgten** des Naziregimes – Bund der Antifaschisten und Studienkreis deutscher Widerstand 1933-1945 (Hg.): Hei-

matgeschichtlicher Wegweiser zu Stätten des Widerstandes und der Verfolgung 1933-1945. Band 8: Thüringen, Frankfurt am Main 2003.

156. **Variscia** – Mittheilungen des Voigtländischen Altertumsforschenden Vereins zu Hohenleuben, ab 1826.

157. Jens **Voigt**: Röblitz-Ötzi ruht im vormaligen Schweinestall, in: OTZ Online (abger.: 06.03.2021).

158. **Volkswacht** – Tageszeitung des Bezirkes Gera.

159. Otfried **Wagenbreth**, Walter Steiner: Geologische Streifzüge. Landschaft und Erdgeschichte zwischen Kap Arkona und Fichtelberg, VEB Deutscher Verlag für Grundstoffindustrie, Leipzig 1989, S. 17, 124.

160. Christian **Wagner**, Ludwig Grobe: Chronik der Stadt Saalfeld im Herzogtum Sachsen-Meiningen. Nach des Begründers Tode fortgesetzt von Ludwig Grobe, Saalfeld 1867.

161. H. u. R. **Wagner**: Leutenberg und sein Oberland – Eine heimatkundliche Reihe, Heft 1 (1995) – 10 (2004).

162. Klaus **Waniczek**: Altfunde vom Gleitsch bei Saalfeld-Obernitz, in RHH 36 (1990), Nr. 1/2, S. 36-43.

163. Klaus **Waniczek**: Altwege zur Kaulsdorf-Eichichter Furt, in: OTZ, Lokalteil Saalfeld (17.11, 02.12, 09.12.1993).

164. Klaus **Waniczek**: Bergbauhistorische Flurdenkmale bei Saalfeld-Köditz, in: Heimatkundlicher Kalender des Bezirkes Gera 1988.

165. Klaus **Waniczek**: Die Beiträge von Dr. Wilhelm Adler (1788-1858) zur Altstraßenforschung im Elster- und Saale-Gebiet, in: Jahrbuch des Museums Reichenfels-Hohenleuben 1997, S. 18-25.

166. Klaus **Waniczek**: Die versunkene Braupfanne als Hinweis auf vorgeschichtliche Metallurgie, in: Heimatkundlicher Kalender des Bezirkes Gera 1986, S. 47-51.

167. Klaus **Waniczek**: Ein Beitrag zur vorgeschichtlichen Kupfermetallurgie auf dem Roten Berg, in: RHH 19 (1974), Nr. 5/6, S. 123-129.

168. Klaus **Waniczek**: Über Sagen vom Gleitsch, in: Volkswacht, Lokalteil Saalfeld (20.12.1986).

169. Klaus **Waniczek**: Ur- und Frühgeschichte, in: Grundmann u. Werner 2001, S. 16-20.

170. Klaus **Waniczek**: Urgeschichtliche Metallurgie in der Orlasenke, in: RHH 42 (1996), Nr. 9/10, S. 241-245.

171. Rolf **Weggässer**: Bergkarten des Altbergbaus als Quelle zur Ortsgeschichte von Großkamsorf und Goßwitz, in: RHH 55 (2009), Nr. 7/8, S. 178-182.

172. Rolf **Weggässer**: Das Reimahg-Werk in Großkamsdorf 1944/45, 6 Teile, 1: RHH 54 (2008), Nr. 1/2, S. 26- 33; 2: Nr. 3/4, S. 95-100; 3: Nr. 5/6, S. 142-149; 4: Nr. 7/8, S. 195-200; 5: Nr. 9/10, S. 239-243; 6: Nr. 11/12, S. 305-309.

173. Rolf **Weggässer**: Der Bergmännische Musik- und Gesangverein Großkamsdorf, in: RHH 47 (2001), Nr. 3/4, S. 76-81.

174. Rolf **Weggässer**: Der Erzbergbau der Maximilianshütte Unterwellenborn im Wittmannsgereuther Tal und am Eisenberg, 1: RHH 48 (2002), Nr. 7/8, S. 203-209, 2: Nr. 11/12, S. 308-312, 3: 49 (2003), Nr. 7/8, S. 208-211.

175. Rolf **Weggässer**: Der Erzbergbau in den Vereinigten Revieren Kamsdorf: Schacht Luise, Tagebau Sommerleite und Tagebau Lindig in Goßwitz, in: Glückauf Thüringen (2008), Nr. 2, S. 17f.

176. Rolf **Weggässer**: Der Großtagebau Kamsdorf im 5. Jahrzehnt seines Bestehens, in: RHH 51 (2005), Nr. 5/6, S. 156f.

177. Rolf **Weggässer**: Der Lindig-Gedenkstein in der Gemeinde Goßwitz, in: RHH 48 (2002), Nr. 3/4, S. 67ff.

178. Rolf **Weggässer**: Der Schacht 04 in Großkamsdorf. in: RHH 49 (2003), Nr. 9/10, S. 228f.

179. Rolf **Weggässer**: Die Drahtseilbahn der Maxhütte Unterwellenborn, in: RHH 50 (2004), Nr. 9/10, S. 246-250.

180. Rolf **Weggässer**: Die Kamsdorfer Erzbahn, in: Wir in Thüringen 7 (1998), S. 58-61.

181. Rolf **Weggässer**: Die Vereinigten Reviere Kamsdorf – Zur Konsolidierung des Oberen und Unteren Reviers im 19. Jahrhundert, in: Wir in Thüringen 12 (2002), S. 201-206.

182. Rolf **Weggässer**: Ergänzungen zum Eisenerzabbau bei Schleiz von 1951-1966, in: Heimatjahrbuch des Saale-Orla-Kreises 2006, S. 96ff.

183. Rolf **Weggässer**: Ergänzungen zum Reimahg-Werk Großkamsdorf (2 Teile), 1: Nutzung des Umschlagbahnhofs Eichicht, in: RHH 59 (2013), Nr. 11/12, S. 307-310; 2: Einsatz polnischer Zwangsarbeiter, in: 60 (2014), Nr. 1/2, S. 25-29.

184. Rolf **Weggässer**: Kurzer Abriss zur Geschichte der Maxhütte Unterwellenborn, in: Festschrift zum 3. Thüringer Bergmannstag (2011).

185. Rolf **Weggässer**: Schacht Luise, Tagebau Sommerleite und Tagebau Lindig in Goßwitz, in: RHH 53 (2007), Nr. 9/10, S. 256-261.

186. Rolf **Weggässer**: Wassernutzung im Wutschetal: Wutschemühle, Schmelzhütte und Zollhausbrauerei in Großkamsdorf, in: RHH 48 (2002), Nr. 9/10, S. 254-258.

187. Gerhard **Werner**: Das große Feldlager der kaiserlichen und schwedischen Truppen um Saalfeld im Jahre 1640, in: Saalfeld informativ 19 (2010), Nr. 3/4, S. 4-9.

188. Gerhard **Werner**: Das Saalfelder Flurnamenbuch – Die Flur-, Gewässer- und Siedlungsnamen der Stadt Saalfeld und ihrer eingemeindeten Ortsteile, Saalfeld 2008.

189. Gerhard **Werner**: Das Saalfelder Weichbild, in: Saalfeld informativ 13 (2004), Nr. 9/10, S. 30-33.

190. Gerhard **Werner**: Die Saalebrücke in Saalfeld – Zum 50-jährigen Einweihungsjubiläum nach dem Wiederaufbau, in: Wir in Thüringen 5 (1996), S. 91-94.

191. Bernd **Wiefel**: Der Teufel im Keller – Ehemals erlauschte und neu erzählte Sagen, Kurzgeschichten, Schnurren u.a. aus Kamsdorf und darüberhinaus, Olbernau 1999.

192. Bernd **Wiefel**: Am Fuße des Roten Berg – Geschichte Groß- und Kleinkamsdorfs von den Anfängen bis 1981, 2 Bände, Freiberg 2008.

193. Bernd **Wiefel**: ›In Wasser und Regen hausen‹ – Bevölkerungs- und Vermögensverluste im Gebiet Kamsdorf (1583-1661), in: Wir in Thüringen 12 (2002/03), S. 207-210.

194. Bernd **Wiefel**: Kindheitserinnerungen, in: RHH 54 (2008) Nr. 9/10, S. 245-249.

195. Bernd **Wiefel**: Studien zur Sozialgeschichte der Herrschaft Ranis (10 Bände), Olbernau; Band 3: Die Herrschaft Ranis im Spiegel des Landsteuerregisters von 1583 (2002), Band 8: Die Dörfer der Kommungerichte Ranis in den Magazinhufenverzeichnissen (2006).

*Blick vom Kulm auf den Nordabhang des Roten Berges über Neu-Gorndorf*

# Quellenangaben


[1] Köhler 2007, S. 229

[2] Vgl. Schmidt u.a. 2004, S. 382; Werner 2008, S. 152

[3] Wiefel I 2008, S. 9

[4] Vgl. Wiefel I 2008 ; Werner 2008, S. 153

[5] Wiefel I 2008, S. 9f.

[6] Grundmann, Werner u.a. 2001, S. 123

[7] Ebenda

[8] Vgl. ebenda; Gemeindeverwaltung Kleinkamsdorf 1999, S. 36; Siehe auch Auerbach 1930, S. 262f (Obernitz) S. 269 (Fischersdorf) S. 276 (Röblitz), S. 281 (Unterwellenborn), S. 277f. (Saalfeld), S. 213f. (Kaulsdorf), S. 217ff. (Kleinkamsdorf)

[9] Köhler 2007, S. 229

[10] Wiefel I 2008, S. 10

[11] Köhler 2007, S. 229; Siehe auch ebenda, S. 24, 45

[12] Dietzel I 1994, S. 169; Werner 2008, S. 153; Wiefel I 2008, S. 10; Roback 1841, S. 355

[13] Vgl. Krause 1904, S. 49; Resch-Rauter 1992, S. 352-369

[14] Waniczek 1997, S. 20; Siehe ebenda, S. 20, 22, 24, 1990, S. 36-43, 1996/9f., S. 244; Adler 1837; Neumann 1940/1, S. 1-8; Kaufmann 4/1962, S. 46-54

[15] Grundmann, Werner u.a. 2001, S. 140

[16] Vgl. Werner 2008, S. 41f.; Dietzel I 1994, S. 20

[17] Grundmann, Werner u.a. 2001, S. 140

[18] Vgl. ebenda, S. 71; Werner 1996, S. 91-94; Dietzel I 1994, S. 38, 161

[19] Grundmann, Werner u.a. 2001, S. 140

[20] Vgl. ebenda, S. 140f.; Streng 1935/4f.; Dietzel I 1994, S. 137; Kretschmer 1926, S. 166

[21] Vgl. Werner 2008, S. 41f.; Derselbe, Grundmann u.a. 2001, S. 113; Born 1956, S. 18ff. Dietzel 1998, S. 30-41; Kretschmer 1926, S. 166; Born 1956, S. 18ff.; Schmidt u.a. 2004, S. 382

[22] Werner 2008, S. 47

[23] Vgl. ebenda, S. 107; Dietzel I 1994, S. 20ff., 38, II 2000, S. 205; Wagner u. Wagner 2/1996, S. 30; Waniczek 1997, S. 22; Kretschmer 1926, S. 170

[24] Vgl. ebenda; Dietzel I 1994, S. 61, 64, 94f.; Werner 2008, S. 107

[25] Vgl. Taszus, Lange u.a. 2011, S. 4f.; Wiefel I 2008, S. 18, 23, 52

[26] Vgl. Enkelmann 2000/1, S. 31; PHBl 2005/1, S. 6

[27] Vgl. Coburger 1993, S. 44; Werner 2008, S. 9, 33, 37, 75, 92f., 142, 198; Derselbe, Grundmann u.a. 2001, S. 157; Dietzel II 2000, S. 46

[28] Vgl. Werner 2008, S. 27, 60, 142; Dietzel. I S. 125, 171, II 2000, S. 14, 48; Wiefel I 2008, S. 33, 38, III 2002, S. 22; Brückner II 1853, S. 646; Drechsel 1934, S. 60

[29] Schmidt u.a. 2004, S. 140

[30] Grundmann, Werner u.a. 2001, S. 154

[31] Ebenda

[32] Schmidt u.a. 2004, S. 138

[33] Ebenda, S. 140

<sup>34</sup> Vgl. ebenda, S. 154, 157; Sigismund II 1863, S. 208; Dietzel I 1994, S. 126, II 2000, S. 46

<sup>35</sup> Vgl. Waniczek 1996/9f., S. 24; Schmidt u.a. 2004, S. 350

<sup>36</sup> Vgl. Resch-Rauter 1992, S. 481; Rosenkranz 1982, S. 56, 59

<sup>37</sup> Vgl. Dietzel I, S. 165f., 171; Köhler 1867, S. 81

<sup>38</sup> Ebenda, S. 153

<sup>39</sup> Vgl. Grundmann, Werner u.a. 2001, S. 157; Dietzel I 1994, S. 129, 169; Sigismund II 1863, S. 207; Rat des Kreises Saalfeld 1950; Tauschwitz, in: Wikipedia.de (abger. 24.09.2019)

<sup>40</sup> Vgl. John u.a 2012, S. 314; Grundmann, Werner u.a. 2001, S. 114; Dietzel II 2000, S. 100; Tauschwitz, in: Wikipedia.de (abger. 24.09.2019)

<sup>41</sup> Vgl. Dietzel I 1994, S. 162, 167, 170f.

<sup>42</sup> Vgl. Derselbe II 2000 S. 31f.

<sup>43</sup> Hermann Meyer, Saalfeld (192X), zitiert bei Dietzel II 2000, S. 51

<sup>44</sup> Vgl. Pfeiffer 1974; Dietzel II 2000, S. 51-54; Rost (02.01.1993); Grundmann, Werner u.a. 2001, S. 154; Schmidt u.a. 2004, S. 171; Siehe auch Lange 1989, S. 3-19

<sup>45</sup> Dietzel II 2000, S. 31

<sup>46</sup> Waniczek 1974/5f., S. 127 nach R Köhler, Saalfeld (Grabungsbericht, in: Archiv des Museums Saalfeld) u. O. Franke, Fischersdorf (mündliche Mitteilung)

<sup>47</sup> Auerbach 1930, S. 262

<sup>48</sup> Vgl. ebenda, S. 262f.; Kaufmann, Waniczek u. Werner 1990, S. 244-248; Dietzel II 2000, S. 31f.; Wiefel I 2008, S. 10

<sup>49</sup> Vgl. Dietzel II 2000, S. 12

<sup>50</sup> Vgl. Auerbach 1930, S. 270; Drechsel 1934, S. 130; Grundmann, Werner u.a. 2001, S. 150; Schmidt u.a. 2004, S. 350

<sup>51</sup> Köhler 2007, S. 137; Siehe auch Hundt 1923, S. 15-20

<sup>52</sup> Grundmann, Werner u.a. 2001, S. 153; Siehe Werner 2008, S. 60

<sup>53</sup> Wiefel I 2008, S. 11

<sup>54</sup> Vgl. Werner 2008, S. 61; Derselbe, Grundmann u.a. 2001, S. 150; Dietzel II 2000, S. 14, Zitat: Adler 1837, bei Waniczek 1997, S. 21; Rühl 1903, S. 102; Huthmann 1913, S. 41

<sup>55</sup> Adler 1837, bei Dietzel II 2000, S. 12

<sup>56</sup> Börner 1831, bei Drechsel 1934, S. 130

<sup>57</sup> Werner 2008, S. 186

<sup>58</sup> Vgl. Dietzel II 2000, S. 14, 17; Waniczek (20.12.1986); Köhler 2007, S. 137f.; Hohberg 1998, S. 229

<sup>59</sup> Vgl. Brückner II 1853, S. 648

<sup>60</sup> Drechsel 1934, S. 131; Siehe auch Sagittarius 1904, S. 80; Börner 183X, Münnisch 1844; Bechstein 1858

<sup>61</sup> Vgl. Auerbach 1930, S. 269; Drechsel 1934, S. 130; Werner 2008, S. 60; <u>In Bezug auf den Opferplatz siehe auch</u> Adler 1843/ 44, S. 12; Derselbe 1850-52, S. 5; Keferstein 1846, S. 46; Wagner u. Grobe 1867, S. 9

<sup>62</sup> Auerbach 1930, S. 270; Zu den Römermünzen vgl. a.a.o. sowie bei Henning 2004, S. 173-178

<sup>63</sup> Auerbach ebenda

<sup>64</sup> Zitiert bei Drechsel 1934, S. 130

<sup>65</sup> Auerbach 1930, S. 270

[66] Dietzel II 2000, S. 14

[67] Waniczek 1997, S. 21

[68] Grundmann, Werner u.a. 2001, S. 123

[69] Vgl. Feustel 1970, S. 238-244, 1999/4, S. 7-10; Künstler 1957, S. 64; John u.a. 2012, S. 205; Hohberg 1998, S. 229; Dietzel II 2000, S. 17; Werner 2008, S. 186; Grundmann, Werner u.a. 2001, S. 153; Köhler 2007, S. 137

[70] Hohberg 1998, S. 229

[71] Vgl. ebenda; Dietzel II 2000, S. 14, 17, 22; Werner 2008, S. 60

[72] Werner 2008, S. 60

[73] Vgl. ebenda; Derselbe, Grundmann u.a. 2001, S. 153; Künstler 1957, S. 72ff; Sesselmann (Topographie des Gleitsch), abgedruckt ebenda, S. 65, 75, 55; Dietzel 1959, S. 125, II 2000, S. 12ff., 17; Waniczek 1997, S. 24; Köhler 2007, S. 137; John u.a. 2012, S. 205

[74] Katalog der Vorgeschichtlichen Denkmäler, Nürnberg 1887, S. 72, bei Auerbach 1930, S. 271

[75] Vgl. Feustel 1970, S. 238-244; Waniczek 1974/5f., S. 124f., 1990/ 1f., S. 36-43; Werner 2008, S. 60, 186

[76] Grundmann, Werner u.a. 2001, S. 153

[77] Künstler 1957, S. 74

[78] Vgl. ebenda; Grundmann, Werner u.a. 2001, S. 153; Dietzel 2012, S. 6; Wiefel I 2008, S. 11

[79] Vgl. Dietzel II 2000, S. 12; Köhler 1867, S. 44; Resch-Rauter 1992, S. 472; Werner 2008, S. 60

[80] Vgl. Keferstein 1846, S. 45; Auerbach 1930, S. 271; Brückner II 1853, S. 648

[81] Drechsel 1934, S. 131

[82] Vgl. Adler 1837, S. 34ff.; Keferstein 1846, S. 45; Wagner u. Grobe 1867 bei Auerbach 1930, S. 271; Waniczek 1997, S. 20; Dušek 1999

[83] Künstler 1957, S. 73

[84] Drechsel 1934, S. 111

[85] Grundmann, Werner u.a. 2001, S. 151f.

[86] Ebenda, S. 152

[87] Vgl. Grundmann, Werner u.a. 2001, S. 151f.; Werner 2008, S. 64; Dietzel I 1994, S. 129, II 2000, S. 56; Künstler 1957, S. 43; Pfeiffer 1962/1 S. 35ff.

[88] Werner 2008, S. 64

[89] Vgl. Werner 2008, S. 61; Derselbe, Grundmann u.a. 2001, S. 150

[90] Vgl. Auerbach 1930, S. 270; Werner 2008, S. 136, 142, 413; Grundmann, Werner u.a. 2001, S. 138; Rosenkranz 1982, S. 65

[91] Vgl. Werner 2008, S. 182; Auerbach 1930, S. 270

[92] Vgl. Werner 2008, S. 23, 76; Derselbe, Grundmann u.a. 2001, S. 139, 150-154; Dietzel II 2000, S. 10, 15

[93] Dietzel 2012, S. 79

[94] Vgl. Werner 2008, S. 27, 129f.; Derselbe, Grundmann u.a, 2001, S. 139, 154

[95] Vgl. Grundmann, Werner u.a. 2001, S. 139; Drechsel 1934, S. 131

[96] Werner 2008, S. 76

[97] Vgl. Dietzel II 2000, S. 71; Zitat von Gottfried Kemnitz ebenda; Siehe auch Dietzel 1990; Derselbe 1998, S. 27-34

[98] Brückner II 1853, S. 647

[99] Werner 2008, S. 185

[100] Auerbach 1930, S. 262

[101] Werner 2008, S. 98

[102] Vgl. ebenda; Deubler u.a. 1978, S. 48; Danz (30.03.1884); Derselbe 1892; Dietzel II 2000, S. 32f.; Grundmann, Werner u.a. 2001, S. 154, 281

[103] Deubler u.a. 1978, S. 48

[104] Vgl. Wiefel I 2008, S. 12

[105] Vgl. Drechsel 1934, S. 78; Auerbach 1930, S. 94

[106] Vgl. Obernitz, in: Wikipedia.de (abger. 24.09.2019); Werner 2008, S. 25, 142; Resch-Rauter 2006, S. 87; Auerbach 1930, S. 270; Siehe auch Rühl 1903, S. 102; Meyer 1920; Derselbe 1921; Wagenbreth 1989, S. 17, 124; Schmidt u.a. 2004, S. 350; Thüringer Landesanstalt für Umwelt und Geologie 2008

[107] Werner 2008, S. 25

[108] Vgl. ebenda, S. 25f.; Grundmann, Werner u.a. 2001, S. 104; Dietzel II 2000, S. 9; Obernitz, in: Wikipedia.de (abger. 24.09. 2019); Katzschmann u. Wucher 2000 S. 3ff.

[109] Dietzel II 2000, S. 9

[110] Grundmann, Werner u.a. 2001, S. 104

[111] Vgl. ebenda; Kaiser 1938, S. 3; Dietzel II 2000, S. 9; Pfeiffer 1994, S. 3-20; Obernitz, in: Wikipedia.de (abger. 24.09.2019); Blumenstengel 2006/9f., S. 267-271

[112] Dietzel II 2000, S. 9

[113] Obernitz, in: Wikipedia.de (abger. 24.09.2019)

[114] Brückner II 1853, S. 648

[115] Vgl. Obernitz, in: Wikipedia.de (abger. 24.09.2019); Werner 2008, S. 25; Katzschmann u. Wucher 2000, S. 3ff.; Schmidt u.a. 2004, S. 350; Grundmann, Werner u.a. 2001, S. 139

[116] Werner 2008, S. 25

[117] Vgl. Obernitz, in: Wikipedia.de (abger. 24.09.2019); Grundmann, Werner u.a. 2001, S. 104; Thüringer Landesanstalt für Umwelt und Geologie 2006

[118] Vgl. Werner 2004/9f., S. 30-33, 2008, S. 35, 92ff., 170, 185; Dietzel I 1994, S. 163, 1998, S. 30-41

[119] Vgl. Werner 2008, S. 33, 82, 128, 139, 170; Waniczek 1988, S. 60-63, Derselbe 1996/9f., S. 242 Köditz, in: Wikipedia.de (abger. 24.09.2019)

[120] Vgl. Werner 2008, S. 191

[121] Grundmann, Werner u.a. 2001, S. 103

[122] Zitiert bei Lommer 1894, S. 103

[123] Wiefel I 2008, S. 52

[124] Vgl. derselbe, 2002, S. 207-210; Werner 2008, S. 128; Derselbe 2010/3f., S. 4-9; Derselbe, Grundmann u.a. 2001, S 74, 103, 171; Sturnbrich 1896, S. 9-14, Sagittarius 1904, S. 357f. Blöthner 10 (2018), S. 176-190

[125] Vgl. Grundmann, Werner u.a. 2001, S. 103

[126] Vgl. Drechsel 1934, S. 113; Dietzel I 1994, S. 171; Funke (08.04.1944)

[127] Funke (08.04.1944)

[128] Vgl. ebenda, S. 96, 126ff., 166; Siehe auch Weggässer 2008/ 1-12; Schmidt 1930, 1933, 1959

[129] Dietzel I 1994, S. 153

[130] Vgl. ebenda, S. 126, 153; Wiefel I 2008, S. 9; Drechsel 1934, S. 113; Resch-Rauter 1992, S. 473, 481; Rosenkranz 1982, S. 24

[131] Dietzel I 1994, S. 153

[132] Naturparkverwaltung Lehesten (Hg.): Schautafel an der Wernburg (abgel.: 23.09.2018)

[133] Auerbach 1930, S. 214

[134] Vgl. Dietzel I 1994, S. 171; Resch-Rauter 2006, S. 88f.; Holder 1891

[135] Zimmermann bei Hundt 1923, S. 9f.

[136] Künstler u.a. 1957, S. 63

[137] Vgl. ebenda; Dietzel I 1994, S. 164; Wiefel I 2008, S. 10; Gemeindeverwaltung Kleinkamsdorf 1999, S. 6

[138] Auerbach 1930, S. 213, 217

[139] Vgl. ebenda, S. 217; Wiefel I 2008, S. 10

[140] Vgl. Resch-Rauter 1992, S. 235-43

[141] Vgl. Auerbach 1930, S. 217ff.; 262; Petzold 2010/7f. S. 181-186

[142] Vgl. Wiefel I 2008, S. 17

[143] Dietzel I 1994, S. 60, 166

[144] N.N.: ›Ein Bergmann erzählt ...‹ [1955], zitiert bei Taszus u.a. 2001, S. 71

[145] Lange 2010/1f., S. 22

[146] Vgl. ebenda; Grundmann, Werner u.a. 2001, S. 118; Schmidt u.a. 2004, S. 171; Taszus, Lange u.a. 2011, S. 53

[147] Lange 2010/1f., S. 22

[148] Hundt 1923, S. 10; Siehe auch Pfeiffer 1979, S. 15-37; Rüger u. Decker 1992, S. 7-70

[149] Vgl. ebenda; Gemeindeverwaltung Kleinkamsdorf 1999, S. 36f.; Grundmann, Werner u.a. 2001, S. 151; Waniczek 1996/9f., S. 242

[150] Beyschlag 1888, bei Gemeindeverw. Kleinkamsdorf 1999, S. 37

[151] Ebenda

[152] Vgl. Auerbach 1930, S. 223, 254

[153] Waniczek 2001, S. 18

[154] Derselbe 1988, S. 60-63

[155] Derselbe 1996, S. 124

[156] Vgl. Pfeiffer 1979, S. 15-37, 1974, S. 123-129, 1996, S. 241-245

[157] Waniczek 1988, S. 63

[158] Derselbe 1996, S. 124

[159] Vgl. ebenda 1996, S. 241, 244, 1974, S. 123-129; Feustel 1970, S. 238-244; Künstler u.a 1957, S. 72ff.

[160] Vgl. Grundmann, Werner u.a. 2001, S. 113

[161] Vgl. Waniczek 1986, S. 47f.

[162] Waniczek 1988, S. 50

[163] Vgl. Dušek 1999; Schmidt u.a. 2004, S. 171

[164] Vgl. Kaufmann 1962/4, S. 46-54; Waniczek 1996/9f., S. 242ff., 1997, S. 18-25; Petzold 2010/7f., S. 181ff.

[165] Gebhardt 1895

[166] Vgl. Pfeiffer 1986, S. 51-61; Grundmann, Werner u.a. 2001, S. 119

[167] Waniczek 1988, S. 62

[168] Derselbe 1996/9f., S. 243

[169] Vgl. ebenda, S. 242, 245, 1988, S. 60-63; Werner 2008, S. 33; Grundmann, Werner u.a. 2001, S. 119f.

[170] Vgl. Dietzel I 1994, S. 126, 164; Werner 2008, S. 23, 33, 76, 139f.; Derselbe,

Grundmann u.a. 2001, S. 119; Lange 2012, S. 48-54

[171] Taszus, Lange u.a. 2011, S. 54f.

[172] Vgl. ebenda, S. 55; Werner 2008, S. 139; Derselbe, Grundmann u.a. 2001, S. 107; Dietzel I 1994, S. 126; Wiefel I 2008, S. 30,35; Gemeindeverwaltung Kleinkamsdorf 1999, S. 36f.

[173] Vgl. Wiefel I 2008, S. 30

[174] Vgl. Eisel 1871, Nr. 159, 444; Resch-Rauter 2006, S. 341

[175] Vgl. Grundmann, Werner u.a. 2001, S. 73, 118f.; Taszus, Lange u.a. 2011, S. 55; Siehe auch Schmidt 1933, S. 296ff.; Heß von Wichdorf 1912/2ff.; Lange 9 (2000)

[176] Vgl. Gemeindeverwaltung Kleinkamsdorf 1999, S. 37; Schmidt 1930, Nr. 30, 32f., 35, 38

[177] Münnisch 1844, bei Dietzel II 2000, S. 71

[178] Grundmann, Werner u.a. 2001, S. 74; Siehe auch Fuesslein 1877

[179] Gemeindeverwaltung Kleinkamsdorf 1999, S. 38f.

[180] Vgl. ebenda; Taszus, Lange u.a. 2011, S. 57; Werner 2008, S. 20, 33, 88, 139f., 180; Derselbe, Grundmann u.a. 2001, S. 119; Dietzel I 1994, S. 126, 163f.; Wikipedia.de (abger. 24.09.2019); Siehe auch Schmidt I 1933, II 1930

[181] Vgl. Gemeindeverwaltung Kleinkamsdorf 1999, S. 40

[182] Ebenda, S. 39

[183] Vgl. Werner 2008, S. 33, 76, 139f.; Dietzel I 1994, S. 162, 164, 166, 173

[184] Gemeindeverwaltung Kleinkamsdorf 1999, S. 39

[185] Vgl. ebenda, S. 40f.; Schmidt u.a. 2004, S. 171; Künstler u.a. 1957, S. 148; Roback 1841, S. 363f.; Grundmann, Werner u.a. 2001, S. 119

[186] Vgl. Wiefel I 2008, S. 11; Grundmann, Werner u.a. 2001, S. 24, 26f.

[187] Gemeindeverwaltung Kleinkamsdorf 1999, S. 38

[188] Dietzel I 1994, S. 126

[189] Ebenda, S. 60

[190] Zitiert ebenda, S. 128

[191] Wiefel I 2008, S. 11

[192] Vgl. ebenda; Schmidt 1959, S. 228-244; Schubert 1971/11f., S. 256-260; Dietzel I 1994, S. 57, 60, 126, 128, 173; Lange 1998, S. 42-48; Grundmann, Werner u.a. 2001, S. 121

[193] Vgl. Pfeiffer 1988, S. 39-51; Gemeindeverwaltung Kleinkamsdorf 1999, S. 41; Werner 2008, S. 20, 33, 76, 88, 139f., 180

[194] Gemeindeverwaltung Kleinkamsdorf 1999, S. 41

[195] Vgl. Dietzel I 1994, S. 15, 129, 163, 169, 173f., II 2000, S. 100

[196] Vgl. Derselbe I 1994, S. 96, 126, 128, 164

[197] Vgl. Taszus, Lange u.a. 2011, S. 53-58, 61; Wiefel VIII 2006, S. 26; Grundmann, Werner u.a. 2001, S. 118f., 133

[198] Wiefel VIII 2006, S. 26

[199] Vgl. Dehio 1998, S. 479

[200] Vgl. Taszus, Lange u.a. 2011, S. 61-64; Schiffner XVI 1828, zitiert ebenda, S. 9

[201] Taszus, Lange u.a. 2011, S. 65

[202] Ebenda, S. 65ff.

[203] Ebenda, S. 69

[204] Vgl. ebenda, S. 67-72; Siehe auch Decker und Lange 1999; Weggässer 2007/9f., S. 256-261, 2008/2, S. 17f.

[205] Grundmann, Werner u.a. 2001, S. 134f.; Vgl. ebenda, S. 133, 267; Taszus, Lange u.a. 2011, S. 21, 78; Dehio 1998, S. 479

[206] Vgl. Grundmann und Werner 2001, S. 123, 135; Taszus, Lange u.a, S. 21, 74f., 81

[207] Vgl. Raßloff 1910 bei Taszus, Lange u.a.: Goßwitz 2011, S. 11; ebenda, S., 33; Wiefel VIII 2006, S. 25-28

[208] Vgl. Taszus, Lange u.a.: Goßwitz 2011, S. 19, 33, 62, 78; Wiefel VIII 2006, S. 26; Roback 1841, S. 354

[209] Gemeindeverwaltung ebenda

[210] Haardt 1957, S. 207f.

[211] Enkelmann 2011, S. 64f.

[212] Derselbe 2004, S. 29

[213] Vgl. Wiefel II 2008, S. 147; Weggässer 2009/7f., S. 178; Dietzel I 1994, S. 127;Gemeindeverwaltung Kleinkamsdorf 1999, S. 40

[214] Gemeindeverwaltung ebenda

[215] Vgl. Bechstein 1858; Drechsel 1934, S. 106

[216] Grundmann, Werner u.a. 2001, S. 133

[217] Vgl. Taszus u. Lange u.a. 2011, S. 34

[218] Goßwitz, in: unterwellenborn.de (abger. 24.09.2019); Vgl. auch Taszus, Lange u.a. 2011, S. 12

[219] Grundmann, Werner u.a. 2001, S. 133

[220] Haardt 1957, S. 208; Zu Bergmannsbrauchtum/-alltag siehe Arnold 1978; Gebhardt 1895; Lange 2007/9, S. 267ff.; Pfeiffer 1956/7, S. 80; Stahl I 1979, S. 72ff.; Weggässer 2001/3f., S. 76-81; Denzler 1961/7, S. 223ff.

[221] Vgl. Grundmann u.a. 2001, S. 118f.; Siehe auch Pfeiffer 1979, S. 15-37

[222] Möbius 1938, S. 115

[223] Vgl. Grundmann, Werner u.a. 2001, S. 121; Schmidt u.a. 2004, S. 172; Leimbach 1977; Blöthner u. Blöthner 32 (2016), S. 61f.; Taszus, Lange u.a. 2011, S. 57

[224] Schmidt u.a. 2004, S. 172

[225] Vgl. ebenda, S. 382; Werner 2008, S. 41f., 83; Derselbe Grundmann u.a. 2001, S. 113, 117; John u.a. 2012, S. 163; Siehe auch Born 1956, S. 18ff.

[226] Vgl. Wiefel VIII 2006, S. 28; Weggässer 2009/7f., S. 178; Taszus, Lange u.a. 2011, S. 57, 61; Zur Familie Lindig siehe auch Hagner 2002/5f., S. 139f.; Weggässer 2002/3f., S. 67ff.

[227] Vgl. Schmidt u.a. 2004, S. 172; Haardt 1957, S. 205; Möbius 1938, S. 115, 118; Taszus, Lange u.a. 2011, S. 57; Roback 1841, S. 364

[228] Vgl. Möbius 1938, S. 116; Taszus, Lange u.a. 2011, S. 29, 61; Grundmann, Werner u.a. 2001, S. 121; Brandler u.a. 1981, S. 85

[229] Möbius 1938, S. 117

[230] Vgl. ebenda, S. 115; Taszus, Lange u.a. 2011, S. 61f.; Siehe auch Weggässer 2001/3f., S. 76-81

[231] Möbius 1938, S. 116

[232] Vgl. ebenda; Gemeindeverwaltung Kleinkamsdorf 1999, S. 41f.; Taszus, Lange u.a. 2011, S. 61; Grundmann, Werner u.a. 2001, S. 117

[233] Vgl. N.N. 1859

[234] Vgl. Taszus, Lange u.a. 2011, S. 61-64; Siehe auch Roback 1841, S. 363f.; Möbius 1938, S. 118

[235] Schmidt u.a.2004, S. 172
[236] Taszus, Lange u.a. 2011, S. 62
[237] Dietzel 2009/7f., S. 183
[238] Vgl. Derselbe 2012, S. 114, 118-122, I 1994, S. 64f., Taszus, Lange u.a. 2011, S. 60f.; Grundmann, Werner u.a. 2001, S. 133; Weggässer 2002/9f., S. 254ff., 2009/7f., S. 180; Wiefel I 2008, S. 57; II 2008, S. 147; Möbius 1938, S. 116; Roback 1841, S. 355
[239] Vgl. Möbius 1938, S. 119
[240] Schmidt u.a. 2004, S. 172
[241] Vgl. Grundmann, Werner u.a. 2001, S. 117, 122; Weggässer 1998, S. 58-61; Gemeindeverwaltung Kleinkamsdorf 1999, S. 72
[242] Möbius 1938, S. 121
[243] Vgl. ebenda, S. 119, 121; Taszus, Lange u.a.: Goßwitz 2011, S. 66; Schmidt u.a. 2004, S. 172; Grundmann, Werner u.a. 2001, S. 121
[244] Vgl. Möbius 1938, S. 119, 121; Lange u.a. 2011, S. 66; Derselbe, Taszus u.a. 2011, S. 67
[245] Vgl. Weggässer 2008/1f., S. 26-33; Wiefel 2008/9f., S. 245; Taszus, Lange u.a. 2011, S. 68
[246] Vgl. Weggässer 2008/3f., S. 95-100; Dietzel I 1994, S. 70, 88
[247] Vgl. Weggässer ebd.; Derselbe 2014/1f., S. 25-29; Wiefel 2008/9f., S. 245f.
[248] Vgl. Wiefel ebenda; Lange 1999/7f., S. 176-179; Dietzel I 1994, S. 89, 92
[249] Weggässer 2008, 5f., S. 148
[250] Vgl. ebenda 2008, 7f., S. 195-200; Taszus, Lange u.a.: Goßwitz 2011, S. 68; Dietzel I 1994, S. 88; Siehe auch Weggässer 2013/11f., S. 307-310, 2014/1f., S. 25-29; Dietzel 2000, S. 151-55
[251] Dietzel I 1994, S. 88
[252] Vgl. ebenda, S. 70, 88, 171f., II 2000, S. 151-55; Weggässer 2008/3f., S. 95; Wiefel 2008/9f., S. 245
[253] Wiefel 2008/9f., S. 249
[254] Vgl. Weggässer 2008,/9f., S. 239-243; Dietzel I 1994, S. 88, 166, 172; Thüringer Verband der Verfolgten des Naziregimes 2003, S. 235, in: Könitz, in: Wikipdia.de (abger. 24.09.2019)
[255] Taszus, Lange u.a. 2011, S. 68f.
[256] Ebenda, S. 70f.
[257] Vgl. ebenda, S. 71f.; Decker 2002, S. 195-200; Weggässer 2003/ 9f., S. 228f.; Brandler u.a. 1981, S. 85
[258] John u.a. 2012, S. 163
[259] Vgl. Decker u. Lange 1999; Grundmann, Werner u.a. 2001, S. 122; Schmidt u.a. 2004, S. 172, 382
[260] Vgl. Lange 2010/1f., S. 22-27
[261] Schmidt u.a. 2004, S. 172
[262] Taszus, Lange u.a. 2011, S. 75; Siehe auch: Kastner 2013/f., S. 203-207; Weggässer 2005/5., S. 156f.
[263] Gebhardt 1895; Vgl. auch Lundgreen 1938, S. 24
[264] Vgl. Grundmann, Werner u.a. 2001, S. 128; Lundgreen 1938, S. 25
[265] Vgl. ebenda; Gebhardt 1895
[266] Gebhardt 1895
[267] Vgl. Schmidt u.a. 2004, S. 171, 380; Sigismund II 1863, S. 212

[268] Gebhardt 1895

[269] Taszus, Lange u.a. 2011, S. 62

[270] Vgl. Gebhardt 1895; Sigismund II 1863, S. 241f.; Grundmann, Werner u.a. 2001,S. 127-130; Heerwagen 1997, S. 219; Lange 1998, S. 42-48; Derselbe 1998, Nr. 9f., S. 226-232, 2007/9f, 11f., S. 267ff., 2017, S. 100; Könitz, in Wikipedia.de (abger. 17.07. 2014); Schmidt u.a. 2004, S. 173

[271] Vgl. Mittelsdorf 1986, S. 8, 12f. Dietzel II 2000, S. 227f.; Grundmann, Werner u.a. 2001, S. 166; Kahl 2008/5f., S. 156f.

[272] Serbe 1957, S. 195

[273] Vgl. Bechstein 1858, S. 193; Eisel 1871, Nr. 692; Keilitz 190X, S. 43; Drechsel 1934, S. 59f.

[274] Drechsel 1934, S. 60. Vgl. Eisel 1871, Nr. 326, 489.

[275] Grimm 1816

[276] Drechsel 1934, S. 105

[277] Vgl. ebenda, S. 78; Eisel 1871, Nr. 208; Wiefel I 2008, S. 32

[278] Wilhelm Adler, zitiert bei Drechsel 1934, S. 105

[279] Drechsel 1934, S. 212

[280] Vgl. Michels 1998, S. 7f., 148

[281] Vgl. Wiefel 1999, S. 10f., VIII 2006, S. 35f.

[282] Vgl. Derselbe  II 2008, S. 127

[283] Köhler 1867, S. 492; Vgl. auch Börner, 1838, S. 173; Eisel 1871, Nr. 265; Taszus, Lange u.a. 2011, S. 119

[284] Drechsel 1934, S. 104, nach Hübner 1902

[285] Drechsel 1934, S. 112

[286] Ebenda, S. 111f.

[287] Nach Stäuble, Meller, Tinapp 1996, S. 223

[288] Vgl. Wiefel I 2008, S. 9f., 13f.; Siehe auch Dietzel I 1994, S. 126; Waniczek 1996/9f., S. 245; Schmidt u.a. 2004, S. 146

[289] Vgl. Roth u. Fromm 1928; Ströhl 1998, S. 49; Taszus, Lange u.a. 2011, S. 65

[290] Vgl. Ströhl 1998, S. 49; Möbius 1938, S. 119; Künstler u.a. 1957, S. 157; Dehio 1998, S. 1255

[291] Grundmann, Werner u.a. 2001, S. 113

[292] Vgl. ebenda; Geschichtsverein Maximilianshütte I 1997; Taszus, Lange u.a. 2011, S. 65; Müller 2009/3f., S. 60-66; Möbius 1938, S. 120; Fötsch 2003; Weggässer 2011, S. 164-167; Decker 2002, S. 195-200; John u.a. 2012, S. 162, 314; Künstler u.a. 1957, S. 157; Zur den Schmiedefelder und Wittmannsgereuther Gruben und deren Seilbahn siehe Werner 2008, S. 159, Weggässer 2002/7f., 11f., S. 203-209, 308-312, 2003/7f., S. 208- 211, 2004/9f., S. 246-250

[293] Grundmann, Werner u.a. 2001,S. 115

[294] Vgl. ebenda, S. 113; Ströhl 1998, S. 49f.; Geschichtsverein Maximilianshütte II 1998; Schultze 1936; Möbius 1938, S. 119; Gemeindeverwaltung Kleinkamsdorf 1999, S. 77f.; Taszus, Lange u.a. 2011, S. 68; Künstler u.a. 1957, S. 157; John u.a 2012, S. 314; Unterwellenborn, in: Wikipedia.de (abger. 24.09. 2019)

[295] Ströhl 1998, S. 50

[296] Vgl. Geschichtsverein Maximilianshütte III 2004; Unterwellenborn, in: Wikipedia.de (abger. 18.07.2014); Güntsch 1998, S. 53

[297] Vgl. Schlenker u. Laubner 1996, S. 53f.; Ströhl 1998, S. 50; Unterwellenborn,

in: Wikipedia.de (abger. 18.07.2014); Dietzel II 2000, S. 100; John u.a 2012, S. 314; Grundmann, Werner u.a. 2001, S. 114

[298] Vgl. Decker 2005, S. 110-114; Weggässer 2006, S. 96ff.

[299] Vgl. Ströhl 1998, S. 50f.; Geschichtsverein Maximilianshütte IV 2005; Hartmann 1981; Gerdesius, Koch; Mühle 1978; Gemeindeverwaltung Kleinkamsdorf 1999, S. 77f.

[300] Güntsch 1998, S. 53

[301] Ströhl 1998, S. 51

[302] Vgl. ebenda; Güntsch 1998, S. 53; Siehe auch; John u.a 2012, S. 314; Dehio 1998, S. 1255; Unterwellenborn, in: Wikipedia.de (abger. 18.07.2014)

[303] Ströhl 1998, S. 51

[304] Vgl. ebenda; Grundmann u.a 2001, S. 115, Weggässer 1998, S. 58-61

[305] Grundmann, Werner u.a. 2001, S. 114

[306] Unterwellenborn, in: Wikipedia.de (abger. 18.07.2014)

[307] Güntsch 1998, S. 54

[308] Unterwellenborn, in: Wikipedia.de (abger. 24.09.2019)

[309] Grundmann, Werner u.a 2001, S. 114

[310] Unterwellenborn, in: Wikipedia.de (abger. 18.07.2014)

[311] Vgl. Grundmann, Werner u.a 2001, S. 116; Siehe auch Güntsch 1998, S. 54f.; Heyder 2000f., S. 113-115; Geschichtsverein Maximilianshütte e.V. 2007; Kühn 2002/9, S. 29; Sedlacek 2002, S. 258ff.

# *Bildnachweise*

**Buchblock**:

S. 6: Perspektivische Karte – Der Rote Berg um das Jahr 1800 (Verfasser)
S. 36: Topographische Karte – Gleitsch (Verfasser nach Sesselmann 1957)
S. 39: Roter Berg – Blick nach dem Bloßkopf (Verfasser)
S. 55 Auf dem Roten Berg (Derselbe)
S. 143 o.: Huthaus der Vereinigten Reviere von 1822 (Derselbe)
S. 143 m.: Maxhütte Unterwellenborn um 1930 (HIB 19.02.1933)
S. 143 u.: Ehemaliger Kulturpalast ›Johannes R. Becher‹ ebenda (Verfasser)
S. 159: Blick vom Kulmberg auf den Nordabfall des Roten Berges über dem Neugebaugebiet Saalfeld-Gorndorf (Derselbe)

**Cover**:

vorn: Collage nach Perspektivischer Karte siehe Buchblock S. 6 (Verfasser)
hinten: Collage nach alten Bergkarten von 1775 (bei Gemeindeverwaltung Kleinkamsdorf 1999, S.43), 1796 (bei Taszus, Lange u.a. 2011, S. 58) sowie vor 1972 (bei Pfeiffer 1972),

# Die Reihe Plothener Hefte zur Thüringer Regionalgeschichte

**Band 1: Sagenhafte Wanderungen im Land der Tausend Teiche** um Plothen, Dreba, Knau, bis nach Crispendorf und Linda – 88 S. Broschürt

**Band 2: Die Kirche zu Weira** – Kirchgemeinde und Baugeschichte. Festschrift zur Wiedereinweihung der Marienkirche – 64 S. Broschürt

**Band 3: Gespenster im alten Gera** – Soziologische Untersuchungen zum Geisterphänomen – 112 S. Paperback

**Band 4: Sagenorte und Sagengestalten in der Volksüberlieferung des Orlagaues** unter besonderer Berücksichtigung magischer Pflanzen, gespenstischer Tiere und keltischer Flurnamen – 80 S. Broschürt

**Band 5: Die Herrschaft der Universität Jena über die Stadt Apolda** im 18. Jahrhundert – Ein Rationalistischer Herrschaftsstil? – 72 S. Broschürt

**Band 6: Die Jenaer Umgebung als Erinnerungslandschaft** – Ästhetisierung und Rezeptionswandel – 104 S. Paperback, ISBN 978-3-743-17616-4

**Band 7: Das Kriegsende 1945 in Thüringen in Augenzeugenberichten** – 152 S. Paperback, ISBN 978-3-744-89717-4

**Band 8: Geschichte und Geschichten aus dem Orlagau** – Eine alte Kulturlandschaft stellt sich vor – 96 S. Broschürt

**Band 9: Eine kleine Geschichte der Landwirtschaft** in Ostthüringen unter besonderer Berücksichtigung des Saale-Orla-Kreises – 128 S. Broschürt

**Band 10: Der Dreißigjährige Krieg in Thüringen [1618-1648]** – Östlicher Teil: Reuß, Schwarzburg, Orlagau, Holz- und Osterland, 396 S. Paperback, ISBN 978-3-74129-289-7

**Band 11: Eine kleine Geschichte der Jagd und des Waldes** im Saale-Orla-Kreis – 80 S. Broschürt

**Band 12: Kamen die Reußen von der Unstrut?** – Das Kloster Homburg bei Bad Langensalza und seine Gründer – 96 S. Paperback, ISBN 978-3-74317-635-5

**Band 13: Fackeln des Krieges** – Nordischer Krieg [1700-1721], Siebenjähriger Krieg [1756-1763] und Napoleonische Kriege [1806-1815] an Saale, Orla und Wisenta, 232 S.

**Band 14: Geheimnisse der Vorzeit im Orlagau** – Von den Jägern und Sammlern der Urzeit bis zu den Kelten – 116 S. Broschürt

**Band 15: Waldlandvölker** – Germanen und Sorben im Saale-Orla-Raum – Vom Leben im Ersten Jahrtausend nach Christi – 2 Teilbände: 60/68 S. Broschürt

**Band 16: Die Geschichte der Arbeiterbewegung** im Fürstentum Reuß älterer Linie – Ziviler Ungehorsam im 19. Jahrhundert – 80 S. Paperback, ISBN 978-3-74317-627-0

**Band 17: Wie dunkel war das Mittelalter?** – Der Saale-Orla-Raum vom Mittelalter bis zur Frühneuzeit [899–1567] – 116 S. Broschürt

**Band 18: Zwischen Heil und Verdammnis** – Christianisierung und Reformierung im Saale-Orla-Raum [950–1590] – Eine etwas andere Kirchengeschichte, 104 S. Bro.

**Band 19: Abschied von der alten Saale** – Beiträge zur Wirtschafts-, Sozial- und Alltagsgeschichte von Oberland und Orlasenke, Band 1, 344 S. Paperback [Sammelband der Folgen 11, 22, 23, 24, 25], ISBN 978-3-744-81273-3

**Band 20: Krobitz im Wandel der Zeiten** – Festschrift zum 400-jährigen Jubiläum der Wiederaufrichtung der St. Annenkapelle – 88 S. Paperback

**Band 21: Geschichte des Saale-Orla-Raumes: Orlasenke und Oberland** – Eine LandesChronika von den Besiedelungsanfängen bis zum Jahr 1599 – 420 S. Paperback [Sammelband der Folgen 14, 15, 17, 18], ISBN 978-3-743-15120-8

**Band 22: Alte Bergwerke und Goldseifen im Saale-Orla-Raum** – Wissenswertes über eine vergessene Bergbauregion ans Licht gebracht – 64 S. Broschürt

**Band 23: Mühlen, Hammerwerke, Schmelzhütten** an Saale und Orla – Zur regionalen Industriegeschichte in ›Händischer Zeit‹ – 64 S. Broschürt

**Band 24: Alte Handelsstraßen und Floßverkehr im Saale-Orla-Raum** – 60 S.
**Band 25: Die Stadt und ihre Nachbarschaft** – Urbane Strukturen im Neustädter Kreis und im Reußischen Oberland während der Frühneuzeit – 80 S.
**Band 26: Von alten Bräuchen und Festtagen im Saale-Orla-Kreis** – 88 S. Bro.
**Band 27: Rittergüter im Saale-, Orla- und Wisenta-Raum** – Entstehung, Machtentfaltung, Untergang – 200 S. Paperback
**Band 28: Sagen und Altertümer in Neustadt/Orla und Umgebung** – 116 S.
**Band 29: Sagen und Altertümer um Ziegenrück** – 52 S. Broschürt
**Band 30: Sagenhafte Wanderungen im Saale-Orla-Raum**, Band 1: Obere Orlasenke mit Neustadt an der Orla, Triptis, Auma und ihrer jeweiligen Umgebung, 436 S. Paperback [Sammelband der Folgen 1 (teils), 4, 28, 42], ISBN 978-3-746-03016-6
**Band 31: Weyrische Chronik**, Band 1: Das Dorf Weira und seine nähere Umgebung in Geschichte und Gegenwart – 288 S. Paperback
**Band 32: Weyrische Chronik**, Band 2: Beiträge zur Wirtschafts-, Schul- und Kirchengeschichte sowie zur Ortsflur und zur Infrastruktur von Weira – mit dem Weiraer Haus- und Familienbuch – 264 S. Paperback
**Band 33: Harry Blöthner**: Meine Lebenswege [1924-1948] – 72 S. Paperback
**Band 34: Sagenhafte Wanderungen** in der Aga-Hochebene und im südlichen Lößhügelland von Steinbrücken nach Pölzig – 60 S. Broschürt
**Band 35: Sagenhafte Wanderungen** von Langenberg durch das Brahmetal nach Bethenhausen – 68 S. Broschürt
**Band 36: Sagenhafte Wanderungen** um Bad Köstritz, Crossen u. Umgeb. – 68 S. Bro.
**Band 37: Sagenhafte Wanderungen** im Bundsandsteingebiet westlich der Weißen Elster durch den Saarbach-, Erlbach-, Weißiger Grund – 88 S. Broschürt
**Band 38: Sagenhafte Wanderungen** in Ronneburg und Umgebung sowie durch das Gessental nach Pforten – 80. S. Broschürt
**Band 39: Sagenhafte Wanderungen** im Geraer Becken, Erster Teil: Das Gebiet westlich der Weißen Elster mit dem Stadtwald – 68 S. Broschürt [Zusammen mit Band 40 auch als Paperback 100 S.]
**Band 40: Sagenhafte Wanderungen** im Geraer Becken, Zweiter Teil: Das Gebiet östlich der Weißen Elster mit dem alten Gera – 96 S. Broschürt
**Band 41: Sagenhafte Wanderungen** in Weida und Umgebung – 96 S. Paperback
**Band 42: Sagenhafte Wanderungen** in Triptis, Auma und Umgebung – 80 S. Pb.
**Band 43: Eine sagenhafte Wanderung** auf der Hochebene nördlich von Oettersdorf – 72 S. Paperback
**Band 44: Sagen und Altertümer aus Schleiz und Umgebung** – 100 S. Paperb.
**Band 45: Sagenhafte Wanderungen in Tanna und Umgebung** – 68 S. Brosch.
**Band 46: Sagenhafte Wanderungen** um Gefell, Hirschberg und Blankenberg – 68 S. Paperback
**Band 47: Sagenhafte Wanderungen** in der Gemeinde Remptendorf und auf den Saale- und Sormitzhöhen – 68 S. Broschürt
**Band 48: Sagen und alte Geschichten** aus Saalburg-Ebersdorf und Umgebung – 80 S. Broschürt
**Band 49: Sagenhafte Wanderungen** durch die Saale-Rennsteig-Region: Blankenstein und Umgebung – 48 S. Broschürt
**Band 50: Sagen und Altertümer aus Bad Lobenstein** und Umgebung sowie aus der Erinnerungslandschaft um ›Saalpolynesien‹ – 60. S. Broschürt
**Band 51: Sagenhafte Wanderungen im Raum Wurzbach**, im Sormitztal und im [Thüringischen] Frankenwald – 56 S. Broschürt
**Band 52: Sagenhafte Wanderungen** in Ranis und Umgebung, Teilband 1: Stadt und Burg Ranis mit den Zechsteinriffen um Brandenstein – 84 S. Broschürt

**Band 53: Sagenhafte Wanderungen** in Ranis und Umgebung, Teilband 2: Die Dörfer zwischen Ranis und der Oberen Saale – 84 S. Broschürt
**Band 54: Sagenhafte Wanderungen** um Krölpa und in den Wäldern der Heide – 64 S. Broschürt
**Band 55: Sagen und Altertümer aus Pößneck und Umgebung** – 88 S. Bro.
**Band 56: Sagenhafte Wanderungen** in der Verwaltungsgemeinschaft Oppurg; Teil 1: Von Oppurg über die Heidewälder nach Langenorla und Kleindembach – 80 S.
**Band 57: Sagenhafte Wanderungen** in der Verwaltungsgemeinschaft Oppurg; Teil 2: Von Wernburg über die Bahrener Höhe nach dem Weiraer Wald – 88 S. Bro.
**Band 58: Sagen und Altertümer** von den Zechsteinriffen der Orlasenke – 88 S. Broschürt
**Band 59: Sagenhafte Wanderungen** zwischen Saale und Ilm östlich von Leutenberg – 68 S. Broschürt
**Band 60: Sagenhafte Wanderungen** um Schloss Burgk und seine Umgebung – 56 S. Broschürt
**Band 61: Thüringer Fürsten im 18. Jahrhundert und ihre Residenzen**: Coburg, Ebersdorf, Eisenberg, Gera, Gotha, Greiz, Köstritz, Lobenstein, Neustadt/ Orla, Rudolstadt, Saalfeld, Schleiz, Weida, Weimar, Zeitz u.a. – 200 S. Paperback, ISBN 978-3-74317-622-5
**Band 62: Harry Blöthners Weiraer Familienbuch** – Familien in Weira [1850-1950], 132 S. Paperback
**Band 63: Sozialistische Landwirtschaft und LPGisierung** im Saale-Orla-Raum [1945-1990], 144 S. Paperback
**Band 64: Ende oder Neubeginn?** – Landwirtschaftliche und Ländliche Entwicklung im Saale-Orla-Kreis zur Zeit des Konsumismus (1990-2015), 64 S. Paperback
**Band 65: Wetterextreme im Reußischen Oberland** – Ein Beitrag zur Klimageschichte des Oberlandes und Ostthüringens, 172 S. Paperback
**Band 66: Der Rote Berg und sein Geheimnis** – Zur Geschichte des berühmten ›Hausberges‹ von Saalfeld aus Bergbau- und Kulturgeschichtlicher Perspektive, 176 S. Paperback, ISBN 978-3-75686-986-2
**Band 67: An der Hohen Warte** – Eine sagenhafte Wanderung von Saalthal über Bucha, Hohenwarte und Goßwitz nach Könitz, 172 S. Paperback
**Band 68: Sagen und Altertümer** aus Kaulsdorf, Obernitz, Köditz und Umgebung – Unterwegs an der westlichen Zechsteinstirn des Roten Berges, 188 S. Paperback
**Band 69: Sagen und Altertümer** aus dem Raum Kamsdorf und Unterwellenborn – Entdeckungen im Weiragrund zwischen Heide und Rotem Berg, 224 S. Paperback
**Band 70: Die Dörfer der Saalfelder und Uhlstädter Heide** – Sagenhafte Wanderungen von der Mittleren Saale nach den Tälern und Höhen des Waldgebirges, 248 S. Paperback
**Band 71: ›...und erblickte von diesem Berge aus an die zehn Herren Länder‹** – Zur administrativen Entwicklung im Gebiet des heutigen Saale-Orla-Kreises von den Kleinstaaten bis zu den Thüringer Gebietsreformen der Gegenwart, 156 S. Paperback
**Band 72: ›Saalfeld er erst erbauen tut...‹** Von der provincia Salaveld bis zum Landkreis Saalfeld-Rudolstadt (899-2019) – Administrative und Kirchliche Entwicklung im Saalfelder Raum, 136 S. Paperback
**Band 73: Rittergüter im ehemaligen Neustädter Kreis** in den Amtsgerichtsbezirken Auma und Neustadt an der Orla – Alle Burgen, Schlösser, Herrensitze, Freigüter und Vorwerke sowie ihre Besitzer: Geschichte und Geschichten, 400 S. Paperback, ISBN 978-3-75682-923-1

Alexander Blöthner
Geschichte
des
Saale-Orla-Raumes
Oberland und Orlasenke
Band 1: Von den Besiedlungsanfängen
bis Ende des 16. Jahrhunderts
Ein Lesebuch für Schule und Haus
Tannhäuser

Alexander Blöthner
Geschichte
des
Saale-Orla-Raumes
Oberland und Orlasenke
Band 2: Das 17. und 18. Jahrhundert
bis zum Ende der Napoleonischen Zeit
Ein Lesebuch für Schule und Haus
Tannhäuser

Alexander Blöthner


# Magische Augenblicke

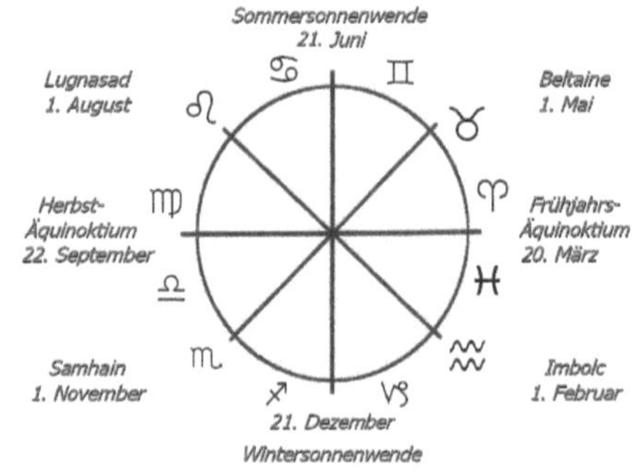


## Jahreskalender
mit allen wichtigen
Monats-, Tages- und
Stundenqualitäten unter
dem Einfluss der Gestirne

Mit den Glücks-, Los- und Schwendtagen,
bedeutenden Tagesheiligen, westlichem
Mondkalender, Festen und Brauchtum im
Jahreslauf, 232 S. Wochenübersicht (vertikal)

*Vertrieb als Paperback bzw. Hardcover
mit Fadenbindung über den Buchhandel*